Atom 実践入門

進化し続けるハッカブルなエディタ

Otake Tomoya
大竹智也
［著］

技術評論社

●初出情報
本書は、小社刊『WEB+DB PRESS』Vol.86の特集「実践Atom――GitHubが開発したハッカブルな次世代エディタ」をもとに、大幅に加筆と修正を行い書籍化したものです。

本書は、Atom 1.7.2をMac OS X El Capitanバージョン10.11.5上で利用して解説しています。本書発行後に想定されるバージョンアップなどにより、手順・画面・動作結果などが異なる可能性があります。

本書の内容に基づく運用結果について、著者、ソフトウェアの開発元および提供元、株式会社技術評論社は一切の責任を負いかねますので、あらかじめご了承ください。

はじめに

Atomは、GitHub創業者の一人defunkt(Chris Wanstrath)氏[注1]のサイドプロジェクトとして2008年に開発がスタートしました。彼の夢は、Web技術を使用してEmacsのようにカスタマイズ可能なエディタを作ることでした。その後、2011年11月にGitHubの公式プロジェクトに昇格、2014年5月にオープンソース化され、2015年6月にAtom 1.0がリリースされました[注2]。

「何やらGitHubがWebベースの新しいエディタを開発しているらしい」――2014年、パブリックベータテスト開始の報を聞いたとき、筆者が想像したのはAce[注3]のようなWebページへの埋め込みを目的としたエディタでした。AceはWebサイト上でコード編集を行える機能を提供できる便利なツールですが、プログラマーが本格的にコードを書くために使うエディタとしての機能は不足しています。そのため公開当初、筆者の心に響くものは何もありませんでした。

しかし、のちほどそれは大きな思い違いだと気付かされます。AtomはHTML、CSS、JavaScriptというWeb技術を利用していながらも、まぎれもないデスクトップアプリケーションであり、これまでEmacsを愛用していた筆者の熱い要望にも応え得る本当のエディタだったのです。

Atomが登場するまで、Web技術を利用したデスクトップ向けアプリケーションは、時計や天気の表示、電卓計算など単純な機能しか持たないウィジェットと呼ばれるデスクトップアクセサリーが一般的でした。それがWeb技術の限界だととらえられていたのです。ですが、Atomはその既成概念を大きく覆しました。テキストエディタのような激しいI/O[注4]を要求

注1　https://github.com/defunkt

注2　http://blog.atom.io/2015/06/25/atom-1-0.html

注3　https://ace.c9.io/

注4　Input/Outputの略。データや信号の入出力を意味します。

するアプリケーションをWeb技術でも構築できるという事実は、Ajax (*Asynchronous JavaScript and XML*)の登場以後に到来したWeb技術の歴史的転換点に匹敵すると言えるでしょう。

Atomは多くのオープンソースプロジェクトによって支えられており、またAtomで培われた基盤技術をElectron[注5]としてオープンソースへと還元しています。その結果、現在ではチャットサービスSlack[注6]のデスクトップクライアント、メールソフトウェアNylas N1[注7]、そしてMicrosoftによって作成されたVisual Studio Code[注8]など、高度な機能を持つさまざまなアプリケーションがリリースされ、Web技術で作られたデスクトップアプリケーションが広く一般にも使われるきっかけを作りました。これらはAtomの持つ技術とビジョンが確かなものであったという事実を証明しています。

本書は、Atomの基本操作からさまざまな機能を追加するパッケージの利用、そしてパッケージの開発方法までを丁寧に解説した書籍です。2016年6月現在、4,000を超えるパッケージと1,000を超えるテーマ、そして100万人の月間ユーザーを抱えるコミュニティとなりました[注9]。標準でシンタックスハイライトや自動補完など豊富な機能を兼ね備えているAtomですが、最大の特徴は何と言ってもこのコミュニティとパッケージにあると言えます。コミュニティが提供するパッケージによってAtomには魅力的で新しい機能がどんどん追加され、今もなお成長し続けています。本書の中で、筆者が厳選したパッケージを多数紹介していますのでぜひ試してみてください。

もちろん、Atom以外にもプログラマーが愛する優れたエディタはいく

注5　http://electron.atom.io/

注6　https://slack.com/

注7　https://www.nylas.com/

注8　https://code.visualstudio.com/

注9　http://blog.atom.io/2016/05/06/two-years-open-source.html

つもあります。しかし、Atomはその中でも時代を体現したエディタであり、最も成長が楽しみなエディタです。そんなすばらしいエディタの本を執筆できたことは光栄であり、また本書がきっかけとなって、読者の方にAtomの持つ可能性を存分に知ってもらえれば最高に幸せです。

2016年6月　大竹 智也

謝辞

査読を引き受けてくれた秋田明様注10、浦井誠人様注11、外村和仁様注12、フィリピンにて執筆環境を提供してくれた語学学校のサウスピーク様注13、いつも私を応援して励ましてくれた愛する映子、内容はわからないけれど出版を楽しみにしてくれている家族、今回も心強くサポートしてくれた技術評論社編集部の池田様、そして本書を手にとってくださったあなたに感謝します。

サンプルコードのダウンロード

本書に登場するサンプルコードは本書サポートサイトからダウンロードできます。

http://gihyo.jp/book/2016/978-4-7741-8270-4/support

注10　https://github.com/aki77
注11　https://github.com/uraway
注12　https://github.com/hokaccha
注13　http://souspeak.com/

本書の構成

本書は8つの章と2つのAppendixで構成されています。大きく分けると次の3つに分類されます。

特徴と画面構成(第1章～第2章)

第1章では、最新エディタであるAtomがほかのエディタと比べてどのように異なっているのか、その中心となる技術をひもときながら解説しています。そして、Atomの持つエディタとしての便利な機能についても簡単に紹介しています。

第2章では、Atomのインストール方法から画面構成までを詳しく解説しています。本書を読み進める中で画面についてわからないことがあれば、この章で再度確認してみてください。

基本的な操作と設定、代表的なパッケージ(第3章～第5章、Appendix B)

第3章は筆者が最も注力した章で、Atomの基本的な操作方法と機能をできる限り詳しく解説しています。そのためページ数が多くなってしまいましたが、この章を熟読することで高度な操作による柔軟なコード編集が行えるようになるでしょう。

第4章では、Atomの基本設定とパッケージの導入方法を解説しています。Atomは標準の設定でも十分便利に利用できますが、好みに応じて変更することで、よりあなたの手に馴染ませることができます。

第5章では、開発に便利なパッケージを紹介しています。Atomは開発が盛んであるため、こちらで紹介しているパッケージ以外にも便利なパッケージが次々に登場していきますが、まずはこちらで紹介しているパッケージを試してみるとAtomの便利さが理解できるかと思います。

Appendix Bは、Atomが標準で採用しているパッケージのリファレンスになっています。第3章の基本設定からではなく、こちらのパッケージから設定できる項目も多くありますので、Atomを本格的に利用しはじめたときにはぜひこちらを参考に設定してください。

Atomの機能開発と本格的なカスタマイズ(第6章〜第8章、Appendix A)

第6章では、Atomの機能開発を行う際に必須となるChrome Developer Toolsの使い方と、Atomの構造について解説しています。Chrome Developer ToolsはAtomだけでなくWeb開発でも必須ツールとなっているため、Web開発に興味のある方は覚えて損はないでしょう。

第7章では、Atomの本格的なカスタマイズ方法を解説しています。エディタを快適に利用するうえで大事なことは、自分の手に馴染むように必要に応じて柔軟なカスタマイズを施すことだと筆者は考えています。この章を参考に、ぜひ自分の手に馴染むエディタに育て上げてください。

第8章では、テーマとパッケージの作成方法を解説しています。すべての人がパッケージを作成するわけではないかもしれませんが、Atomのパッケージはプログラミングが少しできる人であれば、とても簡単に作成できるようになっています。そのため、ソフトウェア開発をしてみたい人の最初の課題としても最適です。興味のある方はぜひ試してみるとよいでしょう。

Appendix Aでは、Atomの最新情報の入手と開発の参加方法について解説しています。GitHubを利用した開発は最近のソフトウェア開発における一つのデファクトスタンダードとなっているため、まだ知らない方はぜひこの章を参考に開発の流れを理解しておきましょう。

CoffeeScriptの構文

Atomでは、本体の機能を開発する言語としてJavaScriptを採用していますが、実際の記述はCoffeeScriptを推奨しています。そのため、ここで最低限覚えておきたい構文を解説します。

CoffeeScriptはJavaScriptにコンパイルされ実行されます。最新のJavaScriptのもととなったアロー関数やrequire()関数などが利用できます。

ブロックと()の省略

CoffeeScriptでは{}ブロックの代わりに空白文字を使います。文末のセミコロン(;)も必要ありません。

```
if <条件式>
  <実行する文>
else
  <実行する文>
```

また、()を使わず関数名のあとにスペース区切りで引数を受け取ることもできます。ただし、この記法は可読性を下げることもあるため、スタイルガイドによって規制する場合もあります。

レキシカルスコープとエイリアス

CoffeeScriptではすべての変数定義がレキシカルスコープ[注1]内で行われます。また定義の際にvarを書く必要もありません。

thisのエイリアスとして@を使えます。そのため、this.propertyを@propertyと書くことができます。

```
<変数1> = "<文字列1>"
@<変数2> = "<文字列2>"
```

注1　ブロックごとに変数を定義し、ブロックを越えて操作できないようにするしくみです。

オブジェクト

オブジェクトの定義には{}の代わりに空白を利用でき、カンマ(,)も改行によって省略できるため、次のようにして定義できます。

```
<オブジェクト> =
  <キー1>: <バリュー1>
  <キー2>: <バリュー2>
```

外部ファイルやモジュールの読み込み

外部ファイルやモジュールを読み込むにはrequire()関数を使います。特定のオブジェクトを指定して読み込むこともできます。

```
<オブジェクト名> = require './<ファイルパス>'
{<指定されたオブジェクト名>} = require '<モジュール名>'
```

require()関数を利用する場合、慣例的に()を省略します。ファイルパスを指定すれば外部ファイルのオブジェクトを読み込むことができます。

アロー関数

関数の定義にはアロー関数を使います。関数では最後の式が戻り値になるため、戻り値が1つの場合はreturnを書く必要はありません。#{}による文字列補完も可能です。

通常は->を利用します。もし定義元のthisに必ずアクセスしたい場合は=>(Fat arrow)を利用します。

```
<関数1> = -> "<戻り値1>"
<関数2> = (<引数>) -> "引数は#{<引数>}"
<関数3> = => console.log(@)
```

LESSの構文

Atomでは、本体の装飾やテーマを作成する言語としてCSSを採用していますが、実際の記述はLESSを推奨しています。そのため、ここで最低限覚えておきたい構文を解説します。

LESSはCSSを拡張する言語です。CSSの構文をそのままに、変数、四則演算など一般的なプログラミング言語で利用できる便利な機能を扱えます。詳しくはLESSのドキュメント[注1]を参考にしてください。

なおLESSでは通常のブロックコメント「/* */」以外に「//」による行コメントを利用できます。コメントは出力されるCSSからは削除されます。

変数(Variables)

変数の定義には@を使います。

使用例

```
@button-text-color: #ffffff;
@button-color: #428bca;

.button {
  color: @button-text-color;
  background-color: @button-color;
}
```

出力

```
.button {
  color: #ffffff;
  background-color: #428bca;
}
```

入れ子ルール(Nested Rules)

共通の親セレクタを持つブロックを入れ子にして記述できます。

注1　http://lesscss.org/features/

使用例
```
#header {
  color: black;
  .navigation {
    font-size: 12px;
  }
}
```

出力
```
#header {
  color: black;
}
#header .navigation {
  font-size: 12px;
}
```

ミックスイン(Mixins)

ミックスインは混合する(mixing in)からの造語です。ブロックを別のブロックの中に混ぜ込むことができます。

使用例
```
.bordered {
  border: solid 1px black;
}
#menu a {
  color: #111;
  .bordered;
}
```

出力
```
.bordered {
  border: solid 1px black;
}
#menu a {
  color: #111;
  border: solid 1px black;
}
```

演算子(Operations)

LESSでは+、-、*、/の一般的な演算子が利用できます。もちろん変数を組み合わせての利用も可能になっています。

使用例

```
@base: 160px;
@space: 1px;

.content {
  width: @base * 3 - @space * 2;
  margin: @base / 2 + @space * 2;
}
```

出力

```
.content {
  width: 478px;
  margin: 82px;
}
```

Atom実践入門──進化し続けるハッカブルなエディタ［目次］

第5章

パッケージによる開発の効率化 131

第8章

テーマとパッケージの作成 221

第 1 章

新世代エディタAtom

1.1 Atomとは

本書では、ソースコードホスティングサービスとして知られるGitHub社が開発した新しいプログラミングエディタ(以下エディタ)、Atomについて解説していきます。

エディタというソフトウェアは、Emacs[注1]やVim[注2]などを代表として、コンピュータの歴史と同じくらい古くから存在しています。エディタはプログラマーであれば必ず使うソフトウェアであるため、プログラムによって動いているコンピュータに、プログラムを書くためのソフトウェアが備わっているのは至極当然のことだと言えるでしょう。

また、プログラマーにとってエディタとは、どんなソフトウェアよりも接する時間の長い仕事道具であるため、非常に強い愛着を持つソフトウェアでもあります。そのため、これまで数多くのソフトウェアが生み出され、機能開発も積極的に行われてきました。現在、開発者がエディタに求める機能は、すでにほとんど出尽くしていると言ってもよいかもしれません。

しかし、2014年2月に公開されたAtomは、エディタ界にこれまでにない衝撃を与え、またたく間に今最も注目されるエディタの一つとなりました。Atomが多くの開発者から注目されるエディタとなったのはなぜなのでしょうか。

時代を体現したエディタ

Atomの最大の特徴を一言で表すと、Web技術によって作られたエディタだということに尽きます。Webアプリケーション全盛の時代だからこそ生まれた、まさに時代を体現したエディタです。

ここで言うWeb技術とは、RubyやPHPなどのサーバ上で動くプログラミング言語ではなく、HTML、CSS、JavaScriptというブラウザ上で動く

注1 GNUプロジェクトが主導して開発しているOSSの代表格です。1975年ごろに誕生しました。
http://www.gnu.org/software/emacs/

注2 viを参考にオランダ人のプログラマーBram Moolenaar氏によって開発されたテキストエディタです。1988年に誕生しました。
http://www.vim.org/

Webページ(いわゆるフロントエンド)を構成する技術です。

Atomは一般的なデスクトップアプリケーションとは異なり、各種OSのAPIやUIキットを利用するのではなく、Google Chrome(以下、Chrome)のオープンソース版であるChromium[注3]を利用して構築されているのです。

Webとネイティブ、なくなる垣根

iOSなどのスマートフォンが台頭する中、Web開発の世界が大きく変化してきました。

2004年、GoogleがGmailやGoogle Mapsによって世界中を驚かせて、Adaptive Path社によって名付けられたAjax[注4]は、またたく間にWebの世界を変え、Web技術でできることの可能性を広げるブレークスルーとなりました。

それから早10年、Flashを不採用としたiPhoneの影響により、開発者のリソースがWeb技術に一元化された結果、高度なアニメーションが使われるブラウザゲームや、SPA(*Single Page Application*)と呼ばれるJavaScriptとJSON APIによる本格的なアプリケーションの登場など、ネイティブとWebの垣根がほとんどなくなったと言ってよいと思います。

1.2 Web技術によって作られたAtom

前述のとおりAtomはWeb技術によって作られています。より詳しく説明すると、AtomはChromiumをベースとして開発されたElectron[注5]と呼ばれる独自のフレームワークによって動作しており、描画エンジンにはBlink[注6]、スクリプトエンジンにはNode.js[注7]を採用しています。

そのため、画面の描写はすべてHTML/CSSによって実現され、提供さ

注3　http://www.chromium.org/

注4　Asyncronized JavaScript and XMLの略で、本来はJavaScriptによるデータの非同期通信という意味でしたが、現在は非同期によるインタラクティブインタフェースを指すことが多いです。

注5　https://github.com/atom/electron

注6　2013年にWebKitからフォークして作られた比較的新しい描画エンジンです。

注7　http://nodejs.org/

れる機能はJavaScriptによって作られています。つまり、Web開発者ならばすでにお気付きのとおり、AtomはWebページとまったく同じ技術によって開発されているのです。

Web技術のメリット

Web技術によって作られたAtomは、これまでのアプリケーションと比べてどのようなメリットがあるのでしょうか。

■Webアプリケーション開発の技法がそのまま使える

最大のメリットは、HTMLとCSSとJavaScriptを駆使したWebアプリケーション開発の技法をそのまま利用してAtomの機能開発が行える点です。

たとえば、EmacsはElisp、VimはVim scriptという専用言語で機能が開発されており、この言語で開発された機能は、どんなOSであっても動作が約束されています。しかしElispやVim scriptは、あくまでそれぞれのエディタのみで動作するプログラミング言語のため、学習コスト(覚えることと、学習した言語をほかに流用できないという2点)がネックになっています[注8]。

しかし、Web技術であれば幅広く利用されているため、Atomによって学習した知識をそのままWeb開発に活かすことができますし、逆にこれまでに身に付けた知識をもとにAtomの機能を開発することもできます。

また、AtomではChromiumという最もモダンなブラウザの一つを採用しているため、Web Componentsなどの最先端のWeb技術を利用しています。互換性の関係でなかなかこういった技術を採用できない開発者からすれば、開発をより効率的にするエディタ機能の開発を通して最新のWeb技術に触れることができるため、一粒で二度おいしい結果を得ることが可能となっています。

注8　もちろん、新しい言語を学習すること自体はプログラマーとしての力量を上げるには重要なことであるため、ある意味で有益であると言えます。

OSのサポートを気にする必要がない

もう一つのメリットは、Web技術を使って開発したAtomの機能はすべてのOSでの動作が約束されるため、OSのサポートを気にする必要がない点です。

HTMLはWHATWG[注9]、CSSはW3C[注10]、JavaScriptはEcma International[注11]を中心としてその仕様がオープンにされており、こちらの仕様をもとに機能実装が行われています。そのため、最終勧告された仕様に従って開発を行うことで、異なる環境下においても長期間の動作保証が期待できます[注12]。

これはWebの重要な基本原則の一つでもありますが、Web技術を中心にして開発されているAtomは、この原則を引き継ぐエディタだと言えるでしょう。

Atomが提供しているAPIは本体のバージョンアップに応じて将来的に変更される可能性がありますが、Atomのパッケージ[注13]はAtom本体と同様GitHubでソースコードが公開されていて、また古い機能を使っていないかを確認する機能[注14]も提供されているので、誰でも修正が必要かどうかを確認し、修正が行えるようになっています。

Webの仕様はOSと切り離されているため、OSの違いを気にすることなく機能を開発できることは、開発者にとって魅力的であることは間違いありません[注15]。

注9　正式名称はThe Web Hypertext Application Technology Working Groupです。
https://whatwg.org/

注10　正式名称はWorld Wide Web Consortiumです。
http://www.w3.org/

注11　http://www.ecma-international.org/

注12　少し古い記事ですが、仕様準拠のメリットについては「Mission [Japanese Translation] - The Web Standards Project」(http://www.webstandards.org/about/mission/jp/)が参考になります。

注13　Chromeのエクステンションのように Atomに新たな機能を追加するモジュールをパッケージと言います。パッケージには、本体に同梱されているものと、追加インストールするものがあり、前者をコアパッケージ、後者をコミュニティパッケージと呼んで区別しています。本書でも区別が必要な場合はこの呼び方を利用して区別しています。

注14　`Incompatible Packages: View`というコマンドから確認可能です。

注15　ただし、外部コマンドなど特定のOS向けの機能を利用しているパッケージは、OSを限定することになります。

1.3 Atomに採用されているWeb技術

それでは、ここでAtomに採用されているWeb技術について整理していきます。もちろん、これらの技術をすべては知らなくてもAtomを扱えますが、知っておくことでAtomを本格的にカスタマイズする際、きっと役に立つでしょう。

ここで紹介する技術はWebエンジニアにとっては馴染み深いものが多いかと思いますが、そうではない方にとっては関連の薄い技術かもしれません。そういった方が学習しようとした場合に参考になるよう、概要と参照すべき資料を中心に紹介していきます。

Electron

ElectronはAtomの開発を目的として作られた、OSSのデスクトップアプリケーションフレームワークです[注16]。Windows、Mac、Linux環境のクロスプラットフォームで動作し、HTML、JavaScript、CSSを利用してアプリケーションを構築できます。

iOSやAndroidアプリの開発をしている人であれば、HTML、JavaScript、CSSによるアプリケーション開発と言えばTitanium[注17]を思い浮かべる人がいるかもしれません。Electronもアプリケーションレイヤのみを見れば同じアプローチだと言えます。Titaniumとの最大の違いは、Electronの場合、アプリケーションを動かすエンジンとしてChromiumとNode.jsを内蔵しており、OSのネイティブAPIと関係なく動作の処理が行われるという点です。

Node.jsとCoffeeScript

JavaScriptによって機能が開発されているAtomは、スクリプトエンジ

注16　MITライセンスで公開されています。
注17　http://www.appcelerator.com/titanium/

ンとしてNode.jsを採用しており、JavaScriptの記述はCoffeeScriptを推奨しています。

Node.js

Node.jsは、Googleが開発しているV8 JavaScript Engine[注18]を搭載したJavaScript実行環境です。Node.jsの登場によりJavaScriptはブラウザから解き放たれ、サーバサイド言語として生まれ変わりました。AtomはNode.jsを採用し、Babelコンパイラ[注19]を組み込むことでJavaScriptの最新機能も利用可能となっています。

セキュリティの観点から、ブラウザで実行されるJavaScriptはファイル操作などに制約がありますが、Node.jsであれば自由なファイルアクセスなどが可能となります。そのうえ、コミュニティによって開発された多くのNodeモジュール資産を利用できるため、機能開発者にとって力強い後押しとなっています。

CoffeeScript

CoffeeScript[注20]は、JavaScriptと相互にコンパイル可能なプログラミング言語です。公式サイトによると、コンパイル出力されたJavaScriptは、人間が記述したJavaScriptと比べて可読性に優れ、より高速に動作すると説明されています[注21]。

Atomのパッケージは純粋なJavaScriptによって機能を記述することもできますが、公式ドキュメントのサンプルコードおよびコアパッケージはすべてCoffeeScriptで統一されています。そのため、もしあなたがAtomの機能を開発する場合、純粋なJavaScriptに強いこだわりがなければCoffeeScriptで記述することをお勧めします[注22]。

なお、CoffeeScriptは純粋なJavaScriptに比べて簡潔で少ないコード量で記述でき、Ruby on Railsなどのプロジェクトでも正式採用されています。

注18　https://code.google.com/p/v8/
注19　https://babeljs.io/
注20　http://coffeescript.org/
注21　先ほど紹介したCoffeeScriptの公式サイトに次のように書かれています。
The compiled output is readable and pretty-printed~and tends to run as fast or faster than the equivalent handwritten JavaScript.
注22　AtomはCoffeeScript以外にTypeScriptやES2015もサポートしています。

CSON

CSON(*CoffeeScript Object Notation*)はデータ記述言語であり、Atomでは設定ファイルやパッケージの中などで利用されています。

JSON(*JavaScript Object Notation*)を知っている人にとっては、その名前からCSONはJSONと似ているのかなと予想されることでしょう。たしかにJSONとCSONはよく似ています。実際に両者を比較してみましょう。

JSON

```
{
  "配列": [
    "値A",
    "値B"
  ],
  "オブジェクト": {
    "名前A": "値C",
    "名前B": "値\nD"
  }
}
```

上記のJSONは下記のCSONと同じです。

CSON

```
# コメントが記述できる
配列: [ # オブジェクト名はダブルクオートを省略できる
  # 文字列にシングルクオートが使える
  '値A' # 値の区切りにカンマは不要
  '値B'
]
オブジェクト:
  # オブジェクトに{}は不要
  名前A: '値C'
  # '''を利用すると複数行の文字列を記述できる
  名前B: '''
    値
    D
  '''
```

CSONはJSONと異なりコメントが記述できる点と、カンマが不要な点が主な利点です。とりわけコメントを記述できるのは、設定ファイルとしてCSONを利用しているAtomでは、設定を一時的に無効化したりメモを残したりなど、快適に設定を行うための重要な機能として効果を発揮しています。

LESS

LESS[注23]は、CSSプリプロセッサと呼ばれるCSS拡張言語の一つです。人気の高いフレームワークBootstrap[注24]にも採用されており、変数、ミックスイン、関数などを使ってスタイルを記述できます。

LESSの文法はCSSと互換性があるため、CSSしか知らない人はCSSの文法で記述しても問題なく動作します。LESSに慣れている人は、その機能をフル活用してAtomのカスタマイズやパッケージの開発が行えます。ですが、LESSを採用しているメリットはそれだけではありません。

Atomにはテーマというしくみがあり、切り替えることでシンタックスハイライトのカラーリングなどを変更できますが、コミュニティパッケージから自由にスタイリングしてしまうと統一感が損なわれてしまいます。そこで、LESSの機能であるインポートと変数を利用することで、パッケージ作者はユーザーがどのテーマを利用しているか気にすることなく、テーマ標準のカラースキームを利用してスタイリングを行うことができるようになっています。

またテーマ作者はあらかじめ定められているスタイルガイドに従って変数を定義することで、Atomに対して統一感のあるテーマを簡単に作成できるようになっています。

AtomはCSSというWeb標準の技術によって装飾可能というメリットだけではなく、LESSというCSSプリプロセッサを採用することで、アプリケーションとしての拡張可能性も高めているのです。

Web Components

Web Components[注25]はW3Cから提供されている比較的新しいWeb標準仕様の総称です。近年ますます高度に進化するWebアプリケーションへ対応するため、Web標準の技術のみを用いて、再利用可能なウィジェットや

注23　http://lesscss.org/
注24　http://getbootstrap.com/
注25　http://webcomponents.org/

コンポーネントを作成することなどを主な目的として策定・ブラウザベンダーによる実装が進められています。

Web Componentsを構成する仕様は次の4つで、次の機能を提供しています。

- **Custom Elements**
  制作者が独自のHTML要素を定義できる機能
- **HTML Imports**
  HTML文書の中に外部のHTML文書を読み込むことができる機能
- **Templates**
  自律的に処理されない[注26]HTMLをHTML文書の中に埋め込むことができる機能
- **Shadow DOM**
  HTMLにカプセル化の機能を提供する機能

この4つの中で、Atomで実際に利用されているのはCustom ElementsとShadow DOMの2つです。Custom ElementsはAtomのDOMにセマンティクスを与えて、美しいDOM設計を実現してくれていますし、Shadow DOMはテーマから提供される文字装飾をカプセル化し、コミュニティパッケージによる意図しない変更を防いでくれるなど、Atomになくてはならない機能を提供しています。

これらの技術を利用したAtomのカスタマイズについては本書で詳しく解説していきますので、知らない方も安心してお楽しみください。

注26　つまり、命令がない限りレンダリングが行われません。

1.4 Atomエディタの特徴

本章冒頭で「開発者がエディタに求める機能は、すでにほとんど出尽くしている」と書きましたが、Atomにもおおよそエディタに求められる機能が標準で備わっています。ここでは、そんなエディタの機能を簡単に紹介していきます。

基本的な機能

まずは、エディタに必要不可欠である基本的な機能について考えてみると、次のようなものが挙げられます。

■検索と置換

検索により、巨大なファイルであっても即座に目的の場所にカーソルを移動できます。また置換により、語彙の一括変更や煩雑な入力を手助けしてくれます。

Atomにはインクリメンタル検索機能[注27]が備わっており、正規表現、大文字／小文字の区別(Case Sensitive／Case Insensitive)、選択範囲内検索などを切り替えることが可能となっています。

■入力補助

頻繁に入力する定型文、コーディング規約、関数・変数名など、あらかじめ定められた入力があれば、それをわずかなタイプで入力できるよう適切に補助してくれます。

Atomでは定型文の入力をサポートしてくれるスニペット機能と、すでに入力された内容を補完してくれる自動補完機能が標準で備わっています。

■インデント

インデントを整えることでコーディング規約を守り、コードが読みやす

注27　入力の都度リアルタイムに結果を表示する検索方法です。

くなります。コーディング規約に応じて、自分好みのインデント幅に一括で変更できると便利です。

Atomでは標準でさまざまな言語をサポートしており、言語に応じてインデント幅の設定が可能となっています。

■シンタックスハイライト

コードの構文(シンタックス)に従って文字を装飾することで、表示を見やすくしたり、入力ミスを視覚的に示唆してくれます。

インデントと同様に、Atomは標準でさまざまな言語のシンタックスハイライトを実現してくれています。AtomではCSSによって装飾を行っているため、CSSを使って自由に装飾を変更することも可能となっています。

高度な機能

次にエディタとして求められる機能の中でより高度なものを挙げると、次のような機能が重要視される傾向にあります。

■文法チェック

プログラム実行(コンパイル)時のエラーなどをあらかじめ検出することで、予期せぬエラーを未然に防ぐことにつながります。

Atomではlinterというパッケージによって構文チェック機能を追加できます。追加でパッケージをインストールすることによって各種言語への対応が可能となっています。

■マルチカーソル

マルチカーソルは、複数行に渡って行頭に文字を挿入したいなど、通常の選択範囲では行えない編集を実現します。

Atomでは標準でマルチカーソルという編集機能を備えていますが、sublime-style-column-selectionというパッケージによってこの機能を拡張し、マウスカーソルを使って選択できるようにもなります。

■ウィンドウ分割

ウィンドウ分割は、同一または複数のファイルを同時に見たい場合などに活用します。また、巨大なディスプレイを利用している場合、表示領域を有効活用するのにも使えます。

Atomは標準でウィンドウを分割する機能[注28]を備えています。

■バージョン管理

開発の現場では、バージョン管理システム(VCS：*Version Control System*)によってソースコードを管理することが多いです。

Atomでは、git-plusというパッケージによってひととおりのGit操作を行えます。また、Facebookが開発しているNuclide[注29]というパッケージ群を利用すると、Mercurialも利用可能になります。

■パッケージマネージャ

開発者コミュニティによって拡張が可能なソフトウェアでは、メンテナンス性を高め、機能拡張や更新を容易に行うためのパッケージマネージャを備えています。

最近のソフトウェアの多くは、機能追加のために専用のパッケージマネージャを備えていることが一般的になってきており、Atomにもapm(*Atom Package Manager*)というツールが搭載されています。

このツールは、Atomパッケージのインストールや更新を行うだけでなく、開発者が作成したパッケージを公開するための機能も含んでいます。

■非同期処理

非同期処理は余計な妨げなく作業が行えるため、近年重要視されている技術の一つです。過度な処理待ちは不安やストレスを感じるため、適切な非同期処理はユーザビリティの観点からも理想的とされています。

Ajaxの登場以降、非同期処理はWebアプリケーションにおける重要なファクターとなりました。AtomはJavaScriptで動作していることからも、非同期処理を得意としています。

人気機能の一つに標準で搭載されているmarkdown-previewというパッケージがあります。こちらはファイルを保存することなくリアルタイムに

注28　Atomではペインと呼ばれるしくみで実装されています。
注29　http://nuclide.io/

HTML化されたMarkdownを確認でき、Atomの非同期処理を活用した機能であると言えます。

今後の課題

最後にAtomが現状不得意であり、今後の課題とも言えるポイントを挙げておきます。利用の際の注意点として参考にしてください。

■文字コードの扱い

Atomは Sublime Text[注30]と同様にUTF-8のみしか扱うことができませんでしたが、2014年末ごろからUTF-8以外の文字コードも扱えるようになりました。

しかし、現状では文字コードの自動認識機能が十分に機能していないため、Shift_JISなどをファイルを開いた際に正しく認識されず文字化けして表示されることがしばしばあります。

encoding-selectorというパッケージを使って適切な文字コードを選択することで正しく表示されますが、都度選択するのは面倒なので、UTF-8以外の文字コードも頻繁に利用する方にとっては早く改善してほしい部分だと思います。

■細かな画面調整

すでに説明したとおり、Atomの描画はブラウザと同様にHTMLをCSSで装飾して表示されています。これは非常に画期的なことであり、OSに依存しない柔軟な表現が可能となっています。しかし逆に言えば、Atomの装飾はCSSプロパティが提供している以上の表現が行えないことを意味しています。

そのため、たとえばある文字のみ特定のフォントで指定したり、カーニング[注31]を細かく調整したりすることはAtomではできません。

将来的にCSSの表現がより豊かになり、Blinkで実装されれば表現の幅が広がりますが、いつになるかは言及が難しくなります。

注30 http://www.sublimetext.com/
注31 文字と文字の間隔を調整する技法です。日本語では文字詰めと言います。

パフォーマンス要求

最近のWebアプリケーションは、CSSによるアニメーションやJavaScriptによる高度な演算処理などによって、要求されるパフォーマンスが増加傾向にあります。

普段Chromeを使っている方であれば、たくさんのタブを開いたChromeのメモリ使用量が1GBを超えていたり、常にMacのエネルギー消費が激しいアプリケーション一覧の中にChromeが在籍していることは日常的かと思います。

残念ながら、Atom もChromeと同様に快適な動作と引き換えに大量のメモリとCPUを使う傾向があります。そのため、メモリが足りずスワップが発生した場合、動作が重くなってしまう可能性があります。

なお、筆者の環境[注32]の場合、特に動作が重いと感じることなく利用できています。

1.5 Atomの現在と今後

最初はクローズドなアプリケーションとして登場したAtomですが、現在はOSSとして開発されており、誰でもAtomの開発に参加できます。

Atomは活発に開発されており[注33]、パッケージも次々と作られています。筆者が使っている限りでは、コーディングするうえで十分な機能がそろっていると感じています。以前は追加される機能は、ほかのエディタで人気のあるものを移植したものが多かったのですが、現在はAtomならではの機能を追加して、ほかのエディタと差別化が図られていっています。

注32　MacBook Pro (Retina, 15-inch, Late 2013)
注33　毎週のように本体が更新されています。

第 2 章

インストールと画面構成

2.1 インストール

アプリケーションのインストール

Mac版Atomは、通常のアプリケーションと同様にパッケージをダウンロードして、アプリケーションディレクトリにドラッグ&ドロップしてインストールします。

まずは公式サイト(**図2.1**)[注1]からAtomをダウンロードします。Macの場合atom-mac.zipというファイルがダウンロードできますので、ダウンロードしたあとダブルクリックします。

図2.1 Atomサイト

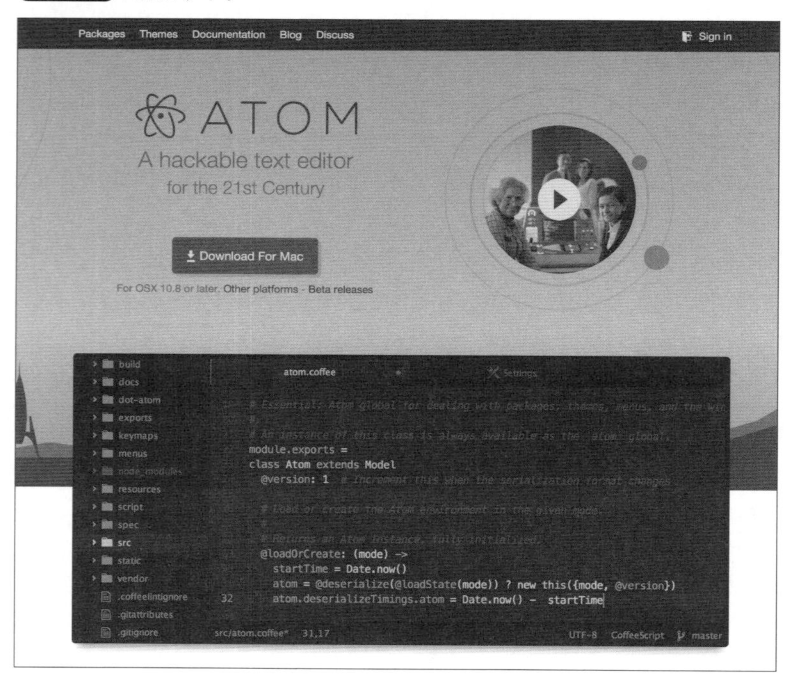

注1　https://atom.io/

すると、Atom.appファイルが同じディレクトリに展開されますので、これをアプリケーションディレクトリにドラッグ&ドロップするだけでインストールが完了します。

コマンドラインツールのインストール

Atomが提供するコマンドラインツールを利用する場合、Atomを起動したあとメニューから「Install Shell Commands」を選択することで、atomとapmの2つのコマンドが/usr/local/binディレクトリにインストールされます。

2.2 画面構成

インストールの次は、Atomの画面構成を説明していきます。

起動したばかりのAtomは**図2.2**のようになっています。Atomは現時点では国際化対応をしていませんので、メニューなどの表記はすべて英語となっています。「英語はちょっと……」と感じる人も多いかもしれませんが、

ドットファイルとドットディレクトリ　Column

Atomは初回に起動した際、ユーザーのホームディレクトリに.atomという名前のディレクトリを作成します。.(ドット)[注a]から始まるファイル名(ディレクトリも含む)は隠しファイルとして扱われるため、意図しない操作によって誤って削除する可能性が低いこともあり、UNIX系OS環境では伝統的にソフトウェアの環境設定を収めるファイル／ディレクトリとして利用されています。

.から始まるファイルはdot file(ドットファイル)、ディレクトリはdot directory(ドットディレクトリ)とそれぞれ呼ぶため、もしGoogleなどで検索する場合、.でヒットしなくてもdotであればヒットする可能性がありますので覚えておくとよいでしょう。

注a　.はピリオドとも読みますが、ファイル名などで使用する場合は一般的にドット(dot)と読みます。ちなみに-(ハイフン)はマイナス、_(アンダースコア)はアンダーバー、*(アスタリスク)はスターと読む場合があります。

プログラムを書くのであれば英語は避けて通ることができない言語ですので、辛抱して使ってみてください。それは、今後のあなたにとって必ず役に立つはずです。

図2.2 起動したAtom

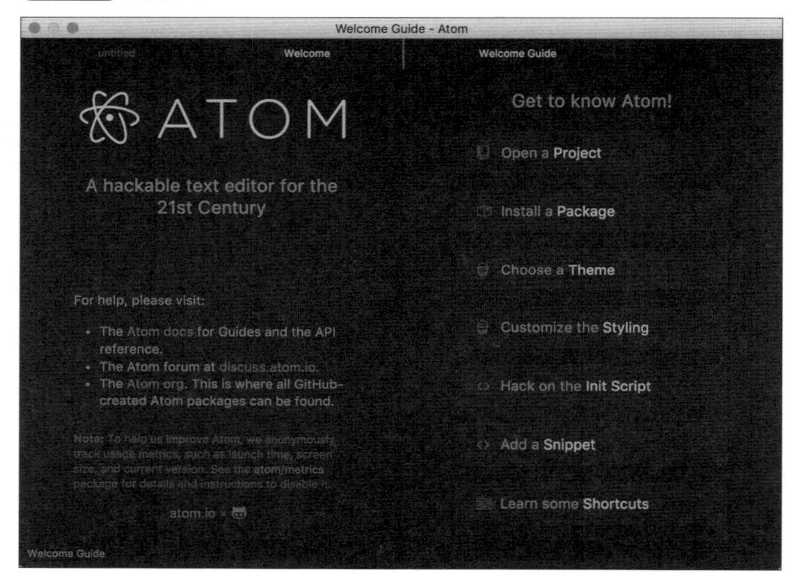

Atomの画面はChromeに似ています。大雑把にはタブバーと表示領域のみの非常にシンプルな画面構成となっており、今どきのエディタらしい表示になっています。

ファイルを開くのではなくAtomを単独で起動した場合は、Chromeで言うところの「新しいタブ」のような「untitled」という文字どおり無名の新規ファイル[注2]が用意され、保存するとディスクに書き込まれます。

なお、初回起動時は、左に「Welcome」、右に「Welcome Guide」(Get to know Atom!と書かれているほうです)という2つのページが開かれ、簡単な紹介が表示されます。「Welcome Guide」は各ボタンをクリックするとより詳しい説明を見ることができます。なお、このページは2度目の起動から表示されなくなりますが、`Welcome: Show`コマンドでいつでも表示でき

注2　正確にはファイルではなく、メモリ上に作られたバッファと呼ばれる領域です。

ます。

それでは、画面構成を詳しく説明していきましょう。

メニュー(Menu)

メニューは、Macであれば画面上部に表示されているメニューバーに表示されています(**図2.3**)[注3]。

図2.3 メニューバー

Atom File Edit View Selection Find Packages Window Help

メニュー項目は標準で次の構成になっています。

- **Atom:バージョン確認、設定項目を開くなど**
- **File:ファイルの作成や保存、タブやペインやウィンドウを閉じるなど**
- **Edit:アンドゥ、リドゥ、コピー、カット、ペーストや、より高度な編集機能など**
- **View:画面のリフレッシュ、フルスクリーン表示や行の折り畳みの切り替え、ペインの操作、開発ツールの呼び出し、コマンドパレットの表示など**
- **Selection:選択領域に関する編集機能など**
- **Find:ファイル内の文字検索や置換、ファイル自体の検索、バッファの検索など**
- **Packages:各パッケージがメニュー用に用意したコマンドの実行など**
- **Window:ウィンドウの操作や切り替えなど**
- **Help:Atomに関する各種ドキュメントへのリンクなど**

メニューの各項目はすべてAtom内ではコマンドとして実装されており、パッケージ作者は自由に追加できます。

ちなみに、エディタはキーボードから文字を打つソフトウェアですので、筆者としては基本的にすべての操作がキーボードから行えることが、良いエディタの条件であると考えています。第3章で解説しますが、Atomはキーボードショートカット[注4]を自由に変更でき、また任意のコマンドを割り当てられるため、メニューに用意されているコマンドはすべてキーボード

注3　Windowsの場合はウィンドウ上部に表示されています。

注4　Atomではkeybindingsと呼びます。本書では以降キーバインドと表記します。

から実行できるようになっています。

■Atomメニュー

ここからは、各メニューの中でもAtomを利用するうえで必ず知っておいたほうがよいと筆者が考える機能を中心に解説していきます。

まず、Atomメニュー(**図2.4**)の中で重要なのは「Preferences...」(環境設定)です。実行すると設定画面が開き、さまざまな設定を行えます。標準で`cmd-,`[注5]というキーバインドが割り当てられておりご存じの方も多いと思いますが、これはほかのMacアプリケーションでも環境設定を開くショートカットになっています。

図2.4 Atomメニュー

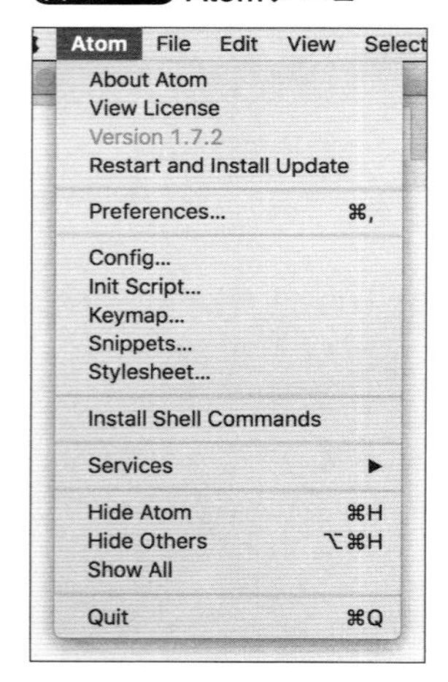

ほかにも「Config...」や「Init Script...」といった各種設定ファイルをダイレクトに開くメニューも用意されており、Atomの設定に慣れてくるとこちらも多用することになるでしょう。

注5　キーバインドの割り当てを示すこの表記は、第3章「キーバインドの表記について」(47ページ)で解説しています。

■Fileメニュー

Fileメニュー(**図2.5**)には、ファイルやウィンドウの作成、保存、終了などの操作が用意されています。

図2.5 Fileメニュー

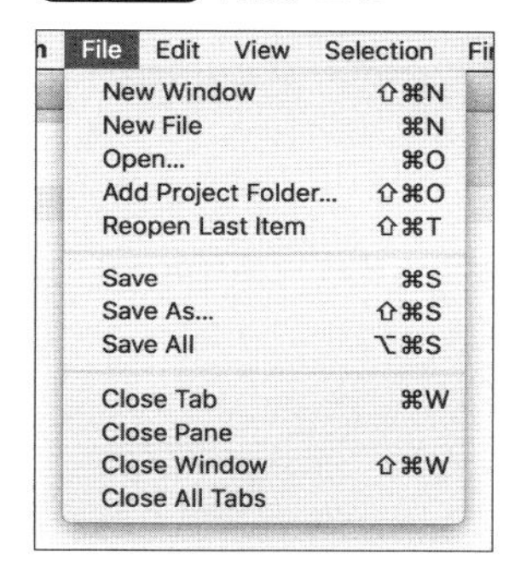

「New Window」で新規ウィンドウを作成(ファイルを作成するわけではありません)、「Close Window」でウィンドウを閉じます。「Close Tab」はアクティブなタブ(カーソルを操作できるタブ)を閉じます。「Close Pane」はウィンドウを分割している状態のAtomで、アクティブなペイン(カーソルを操作できるペイン)を閉じます。

タブ、ペインを閉じる際、もし未保存のファイルがあると**図2.6**のダイアログが表示されます。「Save」ボタンを押すと保存して、「Don't Save」ボタンを押すと保存せずにタブ、ペインを閉じ、「Cancel」ボタンを押すと何もせず操作をキャンセルします。

図2.6 未保存状態でウィンドウを閉じたときのダイアログ

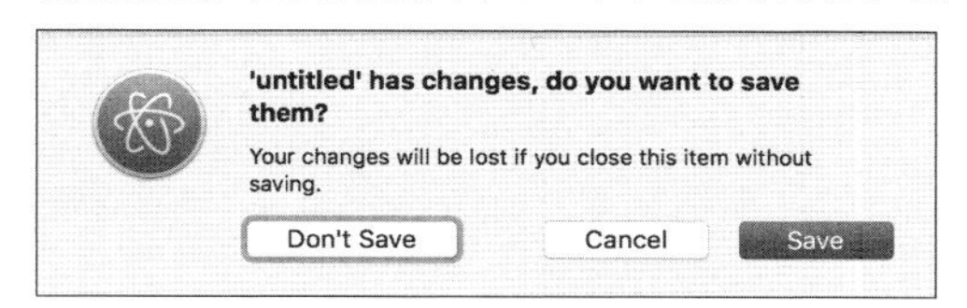

なお、ウィンドウを閉じる際[注6]にはこのダイアログは表示されません。ウィ

注6　Atomメニューの「Quit」でAtomを終了しようとしたときも同じです。

ンドウを閉じる場合、Atomは未保存ファイルの状態を~/.atom/storageディレクトリ[注7]に保存して、次回の起動時に復元するようになっているためです。

「New File」は新規ファイルを作成します。作成したファイルはメモリ上に作られたバッファであるため、保存するまで実際にディスク上には作成されません。つまり、Atom上で編集しているのはすべてバッファであり、保存することでファイルとして書き出されています。ファイルを保存するには「Save」(保存)、もしくは「Save As...」(名前を付けて保存)、あるは「Save All」(すべてのファイルを保存)を使います。

「Save」と「Save All」はすでにファイルが存在していれば上書き保存します。まだディスク上に存在していない場合**図2.7**のダイアログが表示され、保存場所とファイル名を入力して「Save」ボタンを押して保存します。なお、「Save As...」は常にこの動作を行ってファイルを保存します。

図2.7 新規ファイル保存ダイアログ

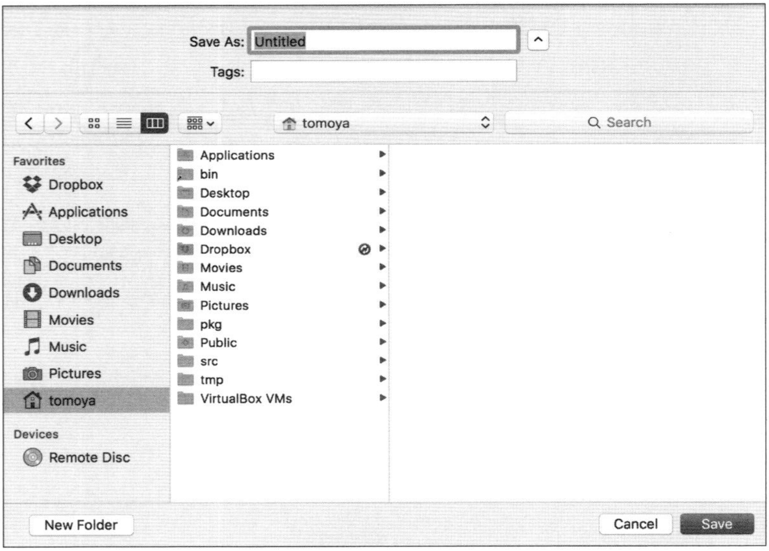

「Add Project Folder...」はアクティブなウィンドウにプロジェクトを追加します。プロジェクトについては第3章「ディレクトリを開く」(39ペー

注7　第4章「設定ファイルの構成」で解説しています。

ジ)で詳しく解説しています。

特に覚えておきたいのは「Reopen Last Item」です。Chromeの「閉じたタブを開く」と同様に最後に閉じたファイルを開きなおしてくれます。

■ Editメニュー

Editメニュー(**図2.8**)には、テキスト編集に役立つ機能が一番多く集まっています。エディタの操作に慣れない最初のうちは、このメニューをよく見てAtomの機能を把握しましょう。

図2.8 Editメニュー

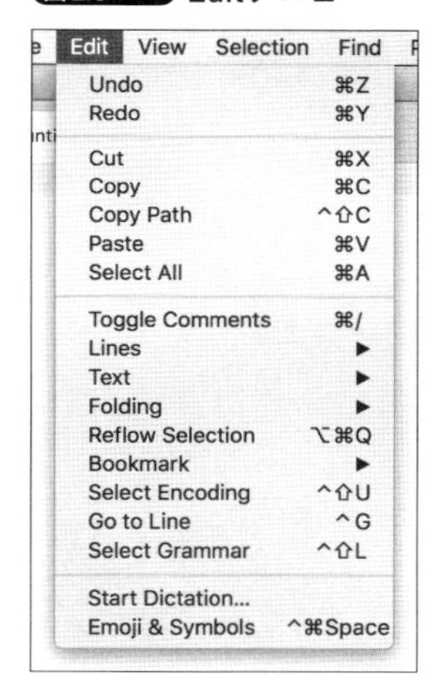

「Undo」(取り消す)、「Redo」(やり直す)、「Cut」(カット)、「Copy」(コピー)、「Paste」(ペースト)、「Select All」(すべてを選択)はほかのエディタでも(エディタ以外でも)用意されている機能です。とりわけ頻繁に利用するので、これらのキーバインドは必ず覚えて、意識しなくても操作できるようにしておきましょう。

Atomには、「Copy Path」というカレントファイル[注8]の絶対パス[注9]をクリップボードに保存する機能があります。頻繁に使用する機能ではありませ

注8　現在編集中のファイルをカレントファイルと呼びます。同様に、コマンドライン環境で現在作業中のディレクトリのことをカレントディレクトリと呼びます。

注9　パスとは、ファイルやフォルダの存在する場所を示す文字列で、頂点からの場所を示す絶対パスと、任意の起点ディレクトリからの場所を示す相対パスの2種類が存在します。

んがまれに必要になることがあるため、Atomにこのような機能があるということだけ覚えておくとよいでしょう。

ほかにもEditメニューには便利な機能が用意されています。たとえば、現在行をコメントアウト、もしくはアンコメント[注10]する「Toggle Comments」は非常に便利です。

また、編集中のファイルにしおりを付ける「Bookmark」などの機能も、使いこなせるようになればきっとあなたの力になることでしょう。

■ Viewメニュー

Viewは「表示」という意味ですが、Viewメニュー(**図2.9**)には純粋に画面の表示にまつわる機能のみではなく、ペインを操作する機能やAtom本体の開発を支援する機能なども含まれています。

図2.9 Viewメニュー

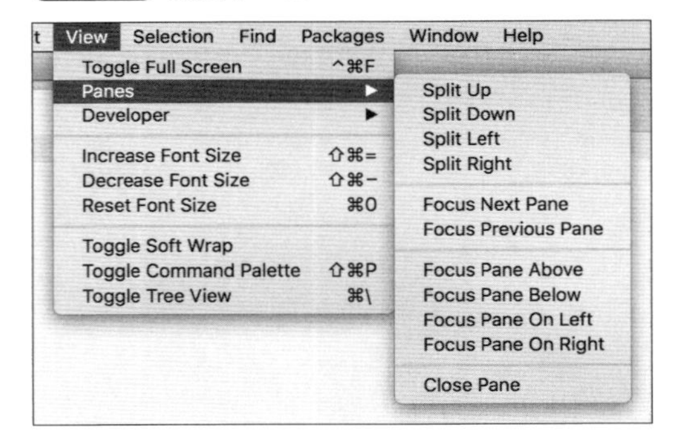

「Toggle」が付くものは切り替えを行います。フルスクリーン表示へと切り替える「Toggle Full Screen」、行の折り返しを切り替える「Toggle Soft Wrap」、ツリービューの表示を切り替える「Toggle Tree View」、そしてコマンドパレットを表示する「Toggle Command Palette」などがあります。

「Panes」にはペインを操作するための機能が集まっています。ペインの分割や移動など、ペイン操作に慣れないうちはぜひ参考にしてください。

「Developer」には、Atom本体の開発を支援する機能が集まっています。

注10　コメントではない文をコメントにすることをコメントアウト、もしくは単にコメントと呼びます。逆にコメントを外すことをアンコメントと呼びます。

第6章で詳しく解説するChrome Developer Tools（以下DevTools）や、第8章で解説するパッケージ作成で使用するテスト実行などが用意されています。

覚えておきたいのは「Developer」の中にある「Reload Window」です。普通のエディタではおそらくお目にかかることがありませんが、Atomはブラウザ上で動作しているためリロードという概念が存在します。ターミナルで言うところのresetコマンドに近く、Atomのウィンドウを初期化します。もし表示の崩れなどが発生した場合は落ち着いてリロードを実行しましょう。なおリロードの際も、ウィンドウを閉じたときと同じく未保存ファイルの状態が復元されます。

■Selectionメニュー

Selectionメニュー（**図2.10**）のSelectionは「選択」という意味ですが、エディタにおける選択とはマウスを含むカーソルによって行われる操作全般を意味します。Atomでは、テキストを選択することをSelect、カーソルとその位置をSelectionという言葉で使い分けており、選択に関するさまざまな機能が用意されています。「Select」から始まるものはすべて範囲選択に関する機能です。頻繁に利用するものがあれば、ぜひキーバインドを覚えておきましょう。

図2.10 Selectionメニュー

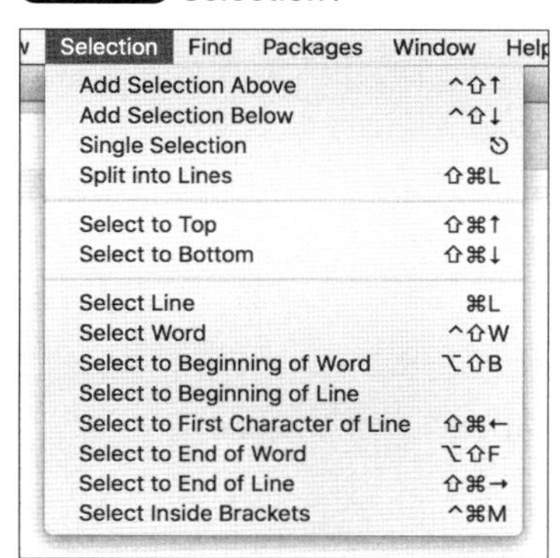

「Add Selection Above」「Add Selection Below」「Single Selection」は、マルチカーソル機能を利用するためのものです。カーソルを増やすことに

よって同時に複数箇所の編集を可能にします。マルチカーソルの使い方については第3章で詳しく解説しています。

■Findメニュー

Findメニュー(**図2.11**)には、エディタで最も重要な機能の一つである「検索と置換」に関する機能が集まっています。

図2.11 Findメニュー

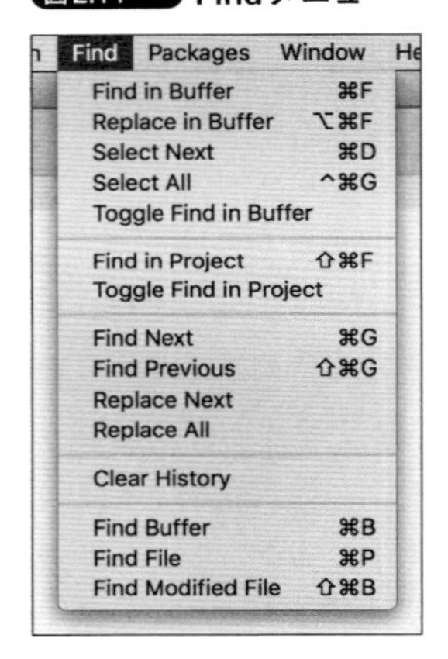

検索は「Find」、置換は「Replace」から始まり、バッファを対象とする機能には「in Buffer」、プロジェクトを対象とする機能には「in Project」が名前に付けられています。

この中でAtomとして特徴的なのは、プロジェクトを対象に検索する「Find in Project」です。こちらを利用すると、grepコマンドのように複数のファイルを同時に検索し、一括置換が可能になります。

Findメニューの中には、Atomでファイルを自在に開くことのできる「Find Buffer」「Find File」「Find Modified File」も表示されています。使い慣れると手放せなくなりますので、ぜひ利用してみましょう。

■Packagesメニュー

Packagesメニュー(**図2.12**)は、インストールされているAtomパッケージが提供する機能の中で、パッケージ作者がメニューとして提供しているものが集まっています。そのパッケージが提供する代表的な機能が表示されているため、普段使い慣れていない機能を利用したい場合に参考になるでしょう。

図2.12 Packagesメニュー

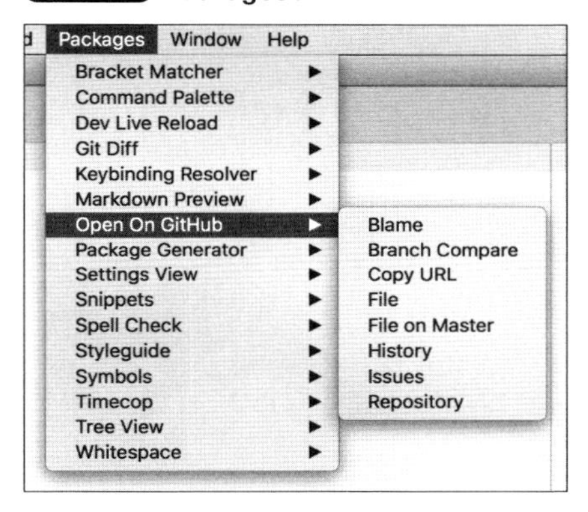

ただし、必ずしもすべての機能が表示されるわけではありませんので、すべての機能を知りたい場合は、後述するコマンドパレットにパッケージ名を入力して確認しましょう。

■Windowメニュー

Windowメニュー(**図2.13**)では、Atomのウィンドウを操作する機能が提供されています。

図2.13 Windowメニュー

「Minimize」はOS Xの「しまう」に該当し、ウィンドウを最小化します[注11]。「Zoom」は「拡大/縮小」に該当し、ウィンドウを最大化、またはもとのサイズに戻します。「Bring All to Front」は「すべてを手前に移動」に該当し、

注11　これはウィンドウ上部の黄ボタンを押したときと同じ動作になります。

現在開いているAtomのすべてのウィンドウを画面の手前へと表示します。

メニューの最下段にはAtomで開いているウィンドウ一覧が表示され、クリックすると切り替えることができます。アクティブな状態のウィンドウの左にチェックマークが表示され、非アクティブかつ未保存のファイルがあるウィンドウには黒丸が表示されます。

■Helpメニュー

Helpメニュー(**図2.14**)は、Atomの各種オンライン公式ドキュメントへのリンク集となっています。本書では、Atomの使い方、設定、Atomを利用した開発について解説していますが、より詳しく知りたい方はぜひ「Documentation」から見られる各ページをご覧ください。

図2.14 Helpメニュー

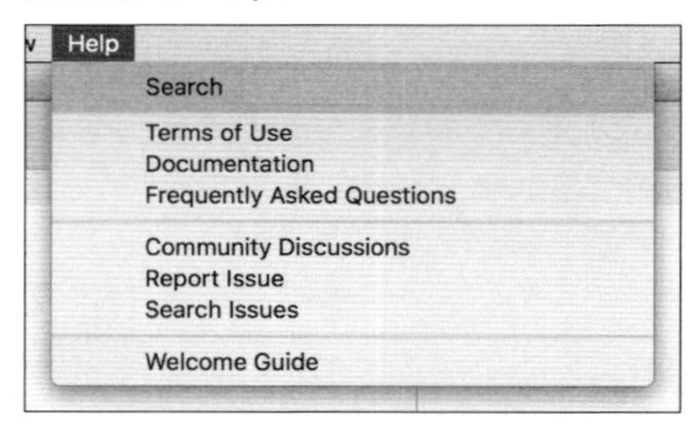

「Search」にある検索ボックスからはOS Xの機能によりメニュー項目を検索できますが、Atomの場合メニュー項目はすべてコマンドとして実装されているため、後述するコマンドパレットから検索するほうが漏れなくすべてのコマンドを確実に調べることができますので、筆者としては後者を推奨します。

ツリービュー(Tree View)

Atomでプロジェクト管理されているファイルを開くと、ウィンドウの左にファイルツリーが表示されます。これをツリービュー(**図2.15**)と呼びます。ツリービューはコアパッケージとして提供されている機能の一つであり、Atomにおけるファイラでもあります。

図2.15 ツリービュー

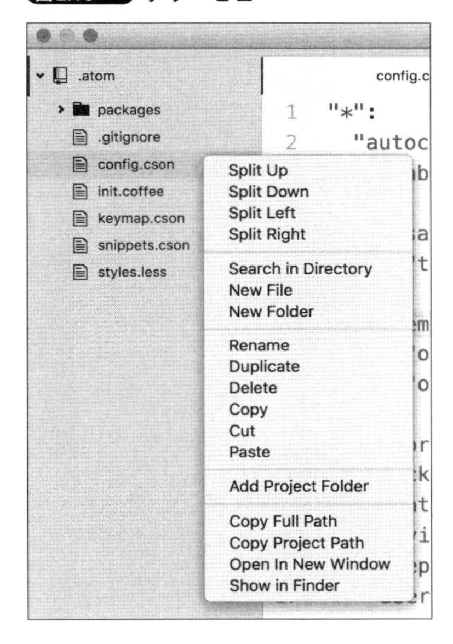

ツリービューの使い方は第3章で詳しく解説します。

コマンドパレット(Command Pallete)

コマンドパレット(**図2.16**)はコマンドを実行するインタフェースです。

コマンドはEmacsやVimやSublime Text[注12]を利用していた人にとってはとても馴染みのある操作であり必要不可欠だと思いますが、コマンドのないエディタを利用していたみなさんは「なぜ?」と感じるかもしれません。

多機能なエディタにとって、その機能のすべてをメニューやボタンに表示するのは非常に難しいことです。たとえば、Microsoft Excelは豊富な機能を有していますが、そのすべての機能とボタンやメニューの位置を把握するのは、非常に時間がかかります。

ですがコマンド操作であれば、利用したい機能の名前を一部でも入力すると欲しい機能を絞り込めるため、大量の機能の中からすばやく機能を見つけられる、とても優れたインタフェースなのです。

注12 http://www.sublimetext.com/

図2.16 コマンドパレット

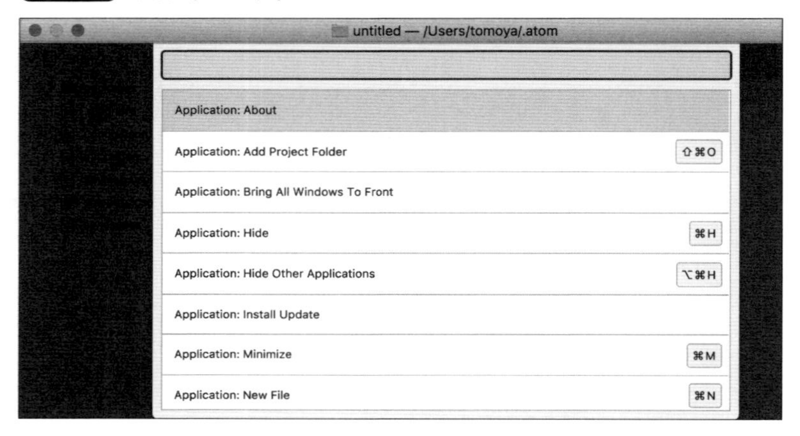

Atomではコマンドを実行する以外にも、ファイルを開く、バッファを切り替えるなどの操作で同様のコマンド入力によるUIを利用するため、コマンドパレットと同様のUIを本書ではコマンドパレットUIと呼びます。

ペイン(Pane)

ペインは「窓枠」という意味ですが、IT用語では「アプリケーションウィンドウ内の一区画」という意味です。Atomでは実際にソースコードを表示して、編集する場所をペインと呼んでいます。

Atomではペインの中にブラウザのようなタブを作って複数のファイルを切り替えることができますが、それだけでなく、ウィンドウを分割して新たなペインを作成して、1つのウィンドウ内に複数のファイル(ペイン)を並べて表示することもできます(**図2.17**)。EmacsやVimでもお馴染みの機能であるためこの機能の便利さを知る人も多いでしょう。Atomではペインというしくみによってこの機能を提供しています。

ペインの中には大きく分けてタブバーとエディタという2つのUIがあり、ペインを作成すると基本的にこの2つを内包することになります。

■タブバー

タブバーはペインの中に含まれているファイルのリストを表示するUIです。ツリービューと同じくコアパッケージとして提供されている機能の一

図2.17 ペインの説明図

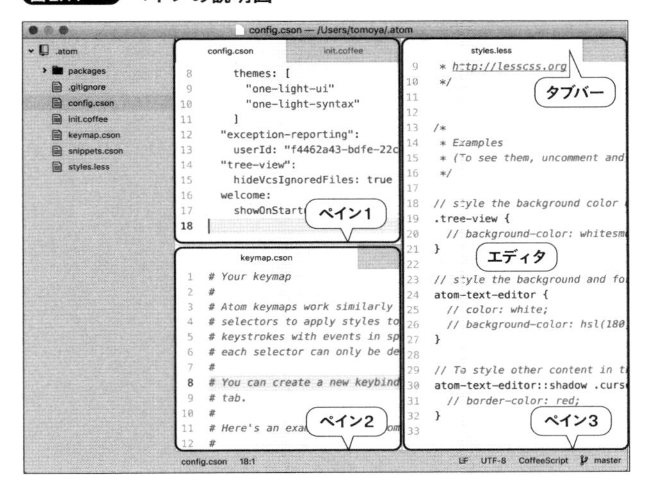

つとなっています。

最近ではさまざまなアプリケーションにタブ型UIが実装されているため、操作方法で悩むことはないと思います。HTMLで画面が作られているAtomでは、このタブ自体もCSSによって自由にカスタマイズできるようになっています。

■エディタ

エディタはペインの中で実際にソースコードを表示している部分のUIです。Atomの画面を作っている実際のHTMLでは、atom-text-editor要素というCustom Elementsによって作成されているため、本書ではエディタ[注13]と呼んでいきます。

Atomではファイルを開くとペインの中に新たなタブとエディタが作成されていきます。すべてが画面上に表示されるタブと異なり、エディタの場合はフォーカスされている1つのみが表示されますが、DevToolsでAtom本体のHTMLを確認してみると、フォーカスが外れているエディタは`display: none;`というCSSによって非表示となっているだけであり、Web

注13 AtomやEmacsなどのソフトウェアを指す言葉としても「エディタ」を利用していますが、文脈により区別可能なので本書では表記を区別していません。

開発者にはお馴染みの手法が使われていることがわかります。

また、エディタ内部はShadow DOMによってカプセル化されており、コミュニティパッケージによる意図しない変更を防ぐなど、Webアプリケーションならではの設計がなされています。

エディタにはほかにも行番号を表示しているガターなど細かいUIが組み込まれていますが、これらについては第6章で詳しく解説します。

ステータスバー(Status Bar)

ステータスバーは、Atomウィンドウの最下部に表示されているUIです。ファイルのさまざまな情報や、Atom本体やパッケージの更新通知などを表示してくれます。

環境により異なりますが、初期状態のAtomでステータスバーに表示される情報は**図2.18**のとおりで、それぞれの役割は次のとおりです。

図2.18 ステータスバー

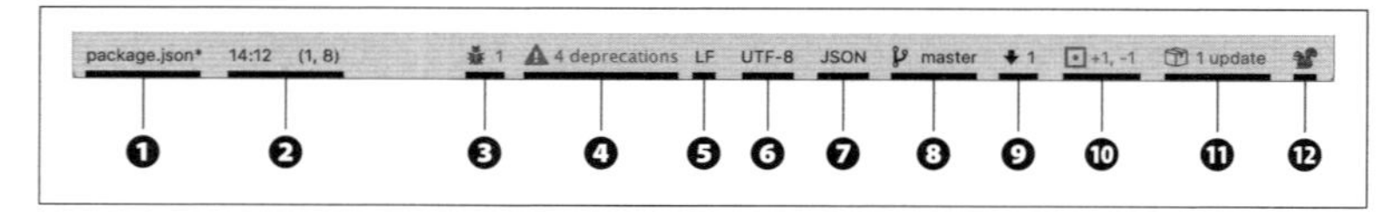

❶ファイル名

現在フォーカスしているファイル名が表示される。ファイルが未保存であれば末尾に*が表示される

❷カーソル位置と選択範囲の文字数

カーソル位置の行番号と桁番号が表示される。選択しているテキストがあるとき、行数と文字数が右に表示される

❸Incompatible Packages

互換性のないモジュールを使用しているパッケージがあるとき、パッケージ数が表示される。クリックすると、対象パッケージとエラーメッセージを確認できる

❹Deprecation Cop

非推奨メソッドを利用しているパッケージがあるとき、警告数が表示される。クリックすると、対象パッケージと警告箇所を確認できる

❺改行コード

選択中の改行コードが表示される。クリックするとLine Ending Selector: Showコマンドが実行され、改行コードを切り替えることができる

❻文字コード

選択中の文字コードが表示される。クリックするとEncoding Selector: Showコマンドが実行され、文字コードを切り替えることができる

❼グラマー(シンタックス)

選択中のグラマーが表示される。クリックするとGrammar Selector: Showコマンドが実行され、グラマーを切り替えることができる

❽ブランチ

選択中のブランチがあるとき、ブランチ名が表示される

❾コミット差

トラッキング中のリモートリポジトリとコミット差があるとき、差分のコミット数が表示される

❿変更行数

最新コミットから変更があるとき、変更行数が表示される

⓫パッケージ更新通知

更新可能なパッケージがあるとき、パッケージ数が表示される。クリックすると設定画面のUpdatesパネルが開く

⓬本体更新通知

Atom本体に更新があるとき、または更新が行われた直後の起動時に青いリスのアイコン[注14]が表示される。クリックするとブラウザでリリースノート[注15]のページが開く

なお、ステータスバーもコアパッケージとして提供されている機能の一つでありAPIも提供されているため、パッケージ開発者は自由に情報を追加できます。

注14　Squirrel(リスという意味)というソフトウェアアップデート用フレームワークを利用していることに由来しています。
https://github.com/Squirrel

注15　https://atom.io/releases

第 3 章

基本操作

3.1 起動方法

本章からAtomの操作方法について深く解説していきます。それでは、さっそく起動方法から説明します。

Atomの起動

Atomの起動方法は複数の方法が用意されています。基本的な方法は、アプリケーションディレクトリにあるAtom.appをダブルクリックする方法です。

Atomが起動していない場合、過去にプロジェクトで作業していたAtomウィンドウがあればそれを復元し、なければuntitledファイルが開いた状態のAtomのウィンドウを作成します。すでにAtomが起動している場合は、起動中のAtomにフォーカスが移動します。

ほかにもOS Xでは、Launchpadから開く、Spotlightから開く（**図3.1**）などの方法がありますが、動作としては上記と同様になります。

図3.1 Spotlightでatomを検索（⌘を押すと右下にパスが表示される）

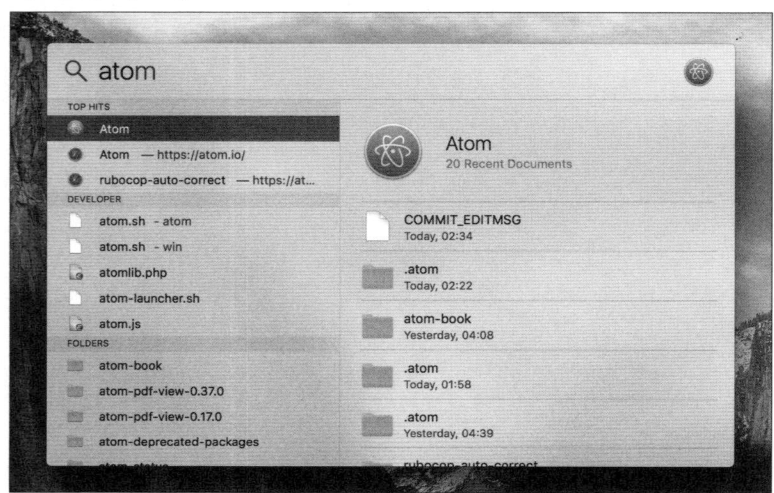

ファイルを開く

Atomもそうですが、たいていのアプリケーションでは、ファイルを開くという操作に対して、アプリケーションの中で開く方法とOS側から起動するアプリケーションを指定して開く方法の2種類が用意されています。エディタでは慣れていないうちはOS側から開き、操作に慣れてくるとアプリケーション側で完結させようとするものです。

まずOS側から開く方法ですが、標準で開くアプリケーションがAtomに指定されているファイルであれば、Finderに表示されているファイルをダブルクリックするだけで開くことができます。別のアプリケーションが指定されている場合は右クリックメニュー(以下、コンテキストメニュー)から、「このアプリケーションで開く」からAtomを選択します[注1]。

別の方法として、Atomのウィンドウにファイルをドラッグ&ドロップすることで開くこともできます。大量のファイルを一気に開きたいときには便利かもしれません。

次にAtomからファイルを開くには、Fileメニューから「Open...」(`cmd-o`)を選択して、ダイアログからファイルを選択して開く方法が基本的です。

ここで紹介した方法は標準的な操作であるため、多くのアプリケーションでも採用されており、誰もが知る操作です。しかし、怠惰が美徳とされるプログラマー[注2]のために作られたAtomは、ほかにもいろいろと便利な方法が用意されていますので、このあと紹介していきます。

ディレクトリを開く

Atomにはファイルを開く以外にも、ディレクトリを開くという操作が用意されています。先ほどのFileメニューの「Open...」からファイルではなく、ディレクトリを選択して「Open」ボタンを押すと、Atomは新たなウィンドウを作成して、選択したディレクトリを起点とするツリービューが表示されます。一見するとメリットのわかりにくいこの操作ですが、実はAtomを使ううえでとても重要な操作です。

Atomは開いたディレクトリをプロジェクトとして扱います。そして、一

注1　標準で開くアプリケーションの変更方法はのちほど詳しく説明していますので、知らない方は参考にしてください。

注2　Perlの生みの親Larry Wall氏が定義した「プログラマーの三大美徳」より。なお、ほかの2つは「短気」と「傲慢」です。

度開いたディレクトリを記録し、次に開いたときはタブやカーソル位置の状態などを復元したり、プロジェクトをスコープとしてさまざまな機能を利用できます。代表的な機能は次のとおりです。

- **タブやペインの状態、カーソル位置など作業環境を復元できる**
- **ウィンドウ内のバッファのみを対象にタブを切り替えることができる**
- **プロジェクト内のファイルのみを対象に絞り込み検索で開くことができる**
- **プロジェクト内のファイルのテキストのみを対象に検索・置換ができる**
- **プロジェクト内のタグジャンプが利用できる**
- **Gitを利用して変更状態などの情報をエディタに反映できる**
- **さまざまな外部ツールと連携を行うことができる**

これら機能のおかげで、Atomを終了しても以前と同じ状態で作業を再開できたり、Gitを利用してコミットしたり、外部コマンドを使ってテストやビルドを実行するなど、パッケージによって提供されるさまざまな機能を使えるようになります。

なお、Atomのウィンドウにディレクトリをドラッグ&ドロップしても、新規ウィンドウでプロジェクトを開くようになっています。また、一つのウィンドウで複数のプロジェクトを扱うことも可能です。2つ目以降のプロジェクトの開き方は「プロジェクトを追加する／削除する」(77ページ)で解説しています。

■標準で開くアプリケーションを変更する

標準で開くアプリケーションをAtomに変更するには、開きたいファイルの右クリックメニューから「このアプリケーションで開く」から「その他...」を選択します(**図3.2**)。

開いたウィンドウからAtomを選択したうえで、「常にこのアプリケーションで開く」にチェックを入れて右下の「開く」ボタンをクリックします(**図3.3**)。

すると、ファイルをAtomで開いたうえで、今後同じ種類のファイルをダブルクリックするなどして開くと、自動的にAtomで開くようになります。

また、コンテキストメニューから「情報を見る」をクリックして、開いたウィンドウの中にある「このアプリケーションで開く」からAtom.appを選択し、すぐ下の「すべてを変更...」ボタンをクリックすることでも、以後同じ種類のファイルを開くと自動的にAtomで開くようになります(**図3.4**)。

図3.2 コンテキストメニュー

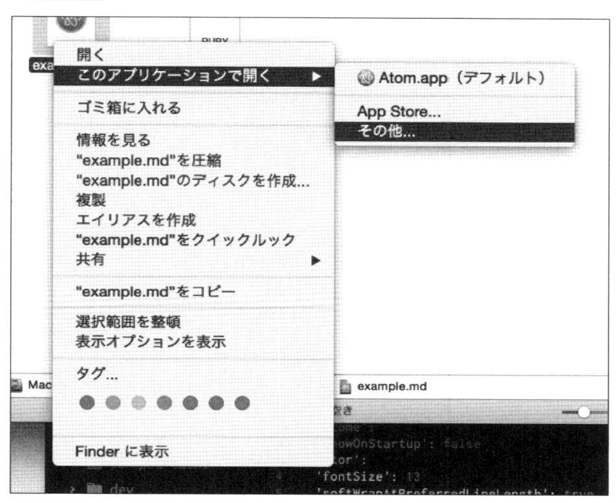

図3.3 「その他...」のウィンドウ

図3.4 「情報を見る」のウィンドウ

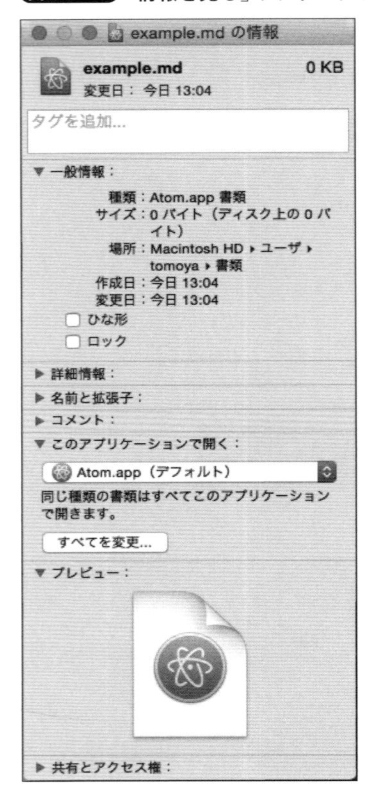

ターミナルからの起動

Atomはターミナルから起動する方法も標準で用意されています[注3]。第2章「コマンドラインツールのインストール」(19ページ)の方法でコマンドラインツールをインストール済みであれば、atomコマンドを実行するだけでAtomが起動します。

■ディレクトリを指定した場合

たとえば、.atomディレクトリでAtomを起動するには次のようにしま

注3　ただし、ターミナル上でファイルを開くのではなく、あくまでAtomのアプリケーションで開きます。

す[注4]。引数に開きたいディレクトリを指定しましょう。

```
$ atom ~/.atom
もしくは
$ cd ~/.atom
$ atom .
```

ちなみに筆者はこの起動方法を最も利用しています。作業しているプロジェクトの数だけシェルを立ち上げているため、ファイルを編集したい場合、atom .コマンドを実行しAtomを起動して作業を開始しています。

ファイルを指定した場合

atomコマンドの引数に開きたいファイルを指定すると、指定したファイルをAtomで開きます[注5]。

```
$ atom ~/.atom/styles.less
```

引数を指定しない場合

引数なしでatomコマンドを実行した場合は、2つの動作が用意されています。まだAtomを起動していなければ、最後に作業していたAtomウィンドウを復元します。また、すでにAtomを起動している場合は、新規ウィンドウを開くようになっています。

なお、atomコマンドの実体はシェルスクリプトとなっていて、実はAtom.appを利用しているだけにすぎません。興味のある方は覗(のぞ)いてみてください。

起動オプション

コマンドラインからの起動には、さまざまなオプションが用意されています。オプションの種類は--help引数を付けて実行することで確認できます。代表的なものを**表3.1**に示します。

引数を利用することで、ほかのアプリケーションとスムーズに連携が行えるようになります。たとえば、Gitのコミットエディタとして Atomを利用したい場合、.gitconfigファイルに次のような設定を書きます。

注4　すでに開いているプロジェクトの場合はフォーカスが移動します。
注5　すでにAtomが起動している場合は新たなタブで開きます。

表3.1 起動オプション一覧(抜粋)

オプション	説明
-d、--dev	開発モードで起動する
-f、--foreground	ブラウザプロセスを前面に保つ※1
-h、--help	ヘルプメッセージを表示する
-l、--log-file	ログファイルを出力する
-n、--new-window	新規ウィンドウで開く
--profile-startup	起動処理を測定しプロファイルを作成する※2
-r、--resource-path	ソースディレクトリを設定して開発モードを有効にする
--safe	セーフモード(パッケージを読み込まない)で起動する
--portable	ポータブルモードを設定する
-t、--test	テストを実行する
-v、--version	バージョンを表示する
-w、--wait	ウィンドウが閉じられるまで待ち続ける
-a、--add	引数で与えたディレクトリを、最後に使用したAtomウィンドウにプロジェクトとして追加する

※1 終了するまでコンソールログがターミナルに表示されます。サーバソフトウェアを動かしたとき、ターミナルにログが出力されるのと似た動作になります。

※2 プロファイルについては第6章「プロファイラによる測定」(177ページ)で詳しく解説しています。

```
# この設定は、次のコマンドから登録できます
# git config --global core.editor "atom --wait"
[core]
  editor = atom --wait
```

コミットエディタとして利用する場合は、コミットログを保存したあと、ウィンドウを閉じたタイミングでコミットされます。

アップデート

Atom本体のアップデートは、Chromeと同様に自動更新となっています。そのため、特に更新作業を行わなくても、再起動すれば最新バージョンに自動的にアップデートされます。

Atom本体に更新があるとき、または更新が行われた直後の起動時にはステータスバーに青いリスのアイコンが表示され、これをクリックするとリリースノートのページを開きます。もし、まだ更新前の状態であれば「Update and Restert」ボタンが出現し、このボタンを押すと文字どおりAtomが再起動して最新バージョンにアップデートされます。

リリースノートはAbout: View Release Notesコマンドによっていつでも確認できるようになっています。

3.2 基本操作

Atomの起動からファイルを開く方法、そしてアップデートまで解説しました。ここまでの説明で、実際にコードを書き始めることは十分可能です。しかし、Atomはただのエディタではありません。公式サイトで「A hackable text editor」[注6]と銘打っているように、Atomはハック可能なエディタであり、大きな可能性を秘めています。

ハックという言葉の解釈は諸説[注7]ありますが、筆者は「お手軽にすごいことをやる」というニュアンスでとらえています。この解釈を当てはめると、Atomは「お手軽にすごいコード[注8]が書けるエディタ」だと言えます。そんなAtomには2種類のHackableな要素があります。

1つ目は基本機能です。Atomは基本機能を駆使することで、軽快なコーディングを実現します。この中には、パッケージをインストールすることで手に入れられる数多くの機能も含まれています。2つ目はパッケージ作成環境です。AtomはNodeモジュールを利用できることから、PerlのCPAN、RubyのGemのように、既存ライブラリを組み合わせてとても簡単にパッケージを作成できます[注9]。

ここからは、1つ目の基本機能に焦点を当てて解説していきます。

ショートカット

PCの操作に慣れることと、キーボードショートカット(以下、ショート

注6　ちなみに、Emacsは「extensible(拡張可能), customizable(カスタマイズ可能) text editor」、VimはVi IMproved(改良)、Sublime Textはsophisticated(洗練された) text editorというコピーを使っています。

注7　一つの解釈として「Hackについて」が参考になります。
http://cruel.org/freeware/hack.html

注8　コードの中身ではなく、バリバリコードが書けるという意味です。

注9　詳しくは第8章「Nodeモジュールの利用」(243ページ)で解説しています。

カット)を覚えることは似ています。本書読者のみなさんであれば、ショートカットを覚えることで操作が速くなった経験をきっと誰もが持っていることでしょう。Atomには多彩なショートカットが用意されており、これらを覚えることで軽快なコーディングを実現します。

もしあなたがショートカットに不慣れであっても、諦める必要はありません。筆者も紹介しているすべてのショートカットを覚えているわけではありません。自分の利用する範囲で少しずつ身体に染み込ませるように覚えいけばよいのです。そして、どうしても覚えられないショートカットは、第7章で紹介するカスタマイズによって自分好みに設定すればよいのです。この柔軟性こそが、Atomをはじめとするカスタマイズ可能なエディタの醍醐味と言えます。

なお、Atomではショートカットのことを「keybindings」と呼んでいます。本書では「キーバインド」と表記します。

■ Atomのキーバインド

AtomではEmacsを参考にしたキーバインドが採用されています。ただし、Emacsほど特徴的なキーバインドが割り当てられているわけではなく、OS標準の⌘+Sによるファイル保存など、OS標準のショートカットのほとんどが利用できます。

「Emacsを参考にしたキーバインド」とは、「カーソル移動」と「マルチキーストローク(multi-keystroke)[注10]によるキーバインド」が使える点です。

「カーソル移動」として設定されているキーバインドは**図3.5**のようになっています。実はこのキーバインドはEmacsだけでなくMacでも標準で採用されているため、覚えておいて損はありません。

「マルチキーストロークによるキーバインド」とは、2回以上のキー入力を必要とするキーバインドのことを言います。たとえば、⌘+Kのあとに指を完全にキーを離してから→を押すと、ウィンドウが縦に分割されます。

さて、すでに何度かお伝えしてきましたが、Atomはキーバインドを自由に設定できます。この「自由」の範囲ですが、Atomでは「コマンド」として実装されているすべてをキーバインドに割り当てられるようになっています。つまり、このあと紹介するコマンドパレットから実行できるコマン

注10　キー入力のことをキーストロークと言います。

図3.5 基本的なカーソル移動キーバインド

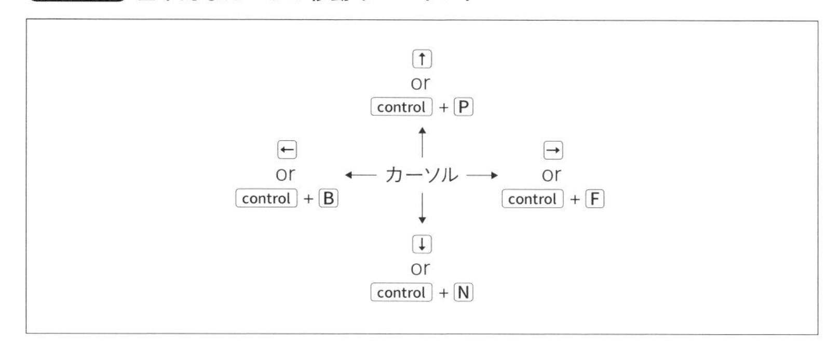

ドは、すべてキーバインドから実行できることになります。

なお、Emacsではキーバインドに直接無名関数[注11]を割り当てるというワイルドな設定が可能ですが、Atomではそこまではできません。しかしそれは、すべてをElispというプログラミング言語で管理しているEmacsと違って、Atomの場合は「キーバインドの割り当て」と「コマンドの定義」を、「CSON」と「CoffeeScript」というそれぞれ別の言語で管理しているためです。なので、CoffeeScriptで任意の関数を定義すれば、Atomでも自由に関数をキーバインドへと割り当てられます。

■キーバインドの表記について

これからコマンドやキーバインドを紹介していくにあたり、本書におけるキーバインドの表記を整理しておきます。今後表記するキーバインドは基本的に、「Atom Documentation」[注12]に用意されている「Atom Flight Manual」の「4.2 Behind Atom : Keymaps In-Depth」[注13]に書かれているキーストロークパターンにそろえる形で表記していきます。

たとえば、⌘ + F はcmd-fと表記します。各キーの表記を**表3.2**にまとめましたので、本書を読み進めるうえでの参考にしてください。この表記はキーバインドを設定する際もそのまま利用できますので、キーバインドがうまく設定できない場合は確認してください。

注11 名前付けされずに定義された関数のことです。主に一度しか利用することのない関数定義に利用されます。

注12 https://atom.io/docs

注13 https://atom.io/docs/latest/behind-atom-keymaps-in-depth

表3.2 キーバインド表記一覧表

タイプ	キー	表記
文字キー	a、4、$	a、4、$
修飾キー	⌘	cmd
	control	ctrl
	alt、option	alt
	shift	shift
特殊キー	enter、return	enter
	esc	escape
	Back space、delete	backspace、delete
	tab	tab
	home、end	home、end
	page up、page down	pageup、pagedown
	←、→、↑、↓	left、right、up、down

なお、文字キーはすべて小文字で統一します。ctrl-AのAは大文字であるため、shiftを押しながらaを押すという意味になります。これは、ctrl-shift-aと書いても同じ動作が得られるため、本書ではこちらを優先します。ただし、%や$などの記号はそのまま表記します。

コマンドパレット——Command Palette

コマンドパレットは第2章でも紹介したコマンド実行インタフェースです。Atomは機能を拡張するパッケージというしくみがあるため、インストールすればするほどコマンドが増えていきますが、コマンドパレットを使いこなせるようになれば、数多くのコマンドの中から手早く目的のコマンドを見つけて実行できます。

コマンドパレットUIは、OS XのSpotlightやGoogleの検索ボックスとよく似ています。Googleでは検索ボックスに文字を入力すると、**図3.6**のようにサジェストと呼ばれる検索候補が表示されます。

図3.6 Google検索のサジェスト機能

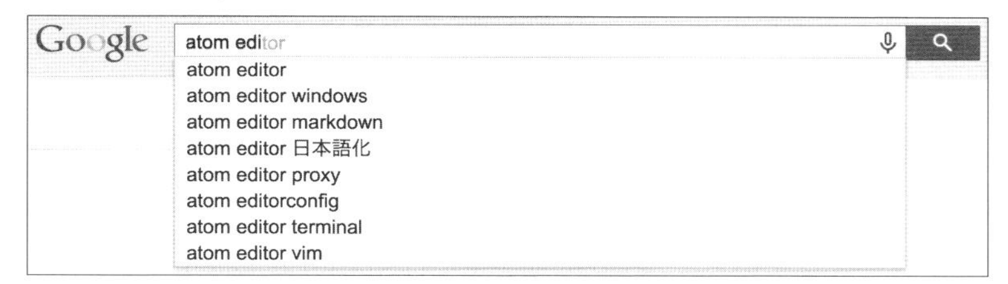

コマンドパレットUIも文字を入力すると、**図3.7**のように入力とマッチするコマンド候補のサジェストが表示されます。

図3.7 コマンドパレットによるコマンド検索(copyと入力した状態)

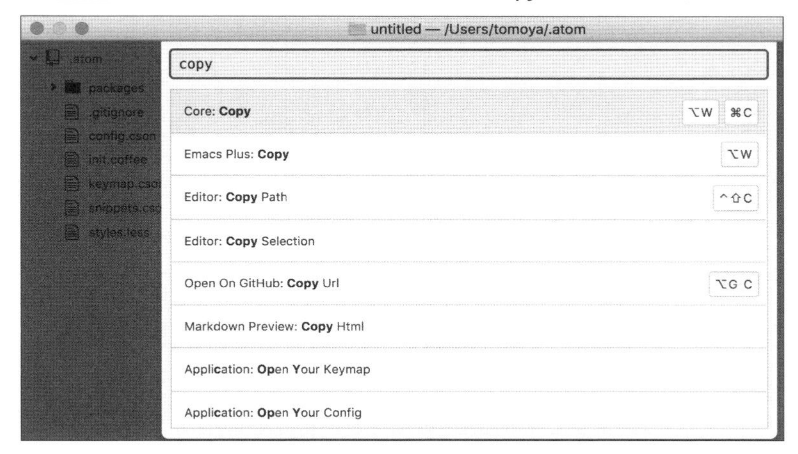

このように、Atomではコマンドラインという昔ながらのインタフェースをモダンなUIでコーディネートすることで、コマンド操作に不慣れな方にも親しみやすい操作を実現しています。

起動する

コマンドパレットを起動するには、Viewメニューの「Toggle Command Palette」を選択する、もしくはキーバインド`cmd-shift-p`を実行します。するとコマンドパレットが起動して、最上部のインプットボックスにフォーカスが移動します。

コマンドパレットをキャンセルするには、再度`cmd-shift-p`を実行する、もしくはコマンドパレット以外の場所をクリックする、もしくはAtomの標準キャンセルコマンドであるCore: Cancel(esc)を実行するの3種類があります。

コマンドパレットから実行されるコマンドは、現在入力している文字列ではなく、インプットボックスの下に表示されているコマンドリストで現在選択しているコマンドになります。これはSpotlightと同じ動作となっており、最初は一番上のコマンドが選択されていますが、上下のカーソル移動によって選択コマンドを切り替えられるようになっています。

■コマンドを実行する

コマンドを実行するには、コマンドリストから実行したいコマンドを選択してenterを入力する、もしくはコマンド名をクリックします。

コマンドパレットはFuzzy Finder[注14]と同じあいまいな検索に対応しているため、正確なコマンド名を打ち込まなくても部分マッチでコマンド候補が表示されるしくみとなっています。そのため、コマンドによる操作が苦手な人でも簡単に使えるようになっています。

コマンド名は「Tree View: Toggle」のように「<パッケージ名>: <コマンド名>」という命名規則で登録されているため、正確なコマンド名を覚えていなくても、パッケージ名を入力すると利用したいコマンドを見つけることができます。

頻繁に利用するコマンドは、コマンドパレットから入力するよりもキーバインドを利用して実行するほうが速く操作できます。キーバインドが使えるコマンドは割り当てられているキーバインドが表示されているので、コマンドパレットからキーバインドを確認することもできます。

もし頻繁に利用するコマンドにキーバインドが割り当てられていなければ、第7章「キーバインドのカスタマイズ」(204ページ)を参考に登録しましょう。

キャンセルとリロード――Core: Cancel、Window: Reload

コマンドパレットをキャンセルする際に紹介したCore: Cancel(esc)は、実はとても便利なコマンドです。Atomのさまざまな操作を文字どおりキャンセルしてもとの状態に戻すことができます。

注14　詳しくは「Fuzzy Finderによるファイルやバッファの切り替え」(54ページ)を参照してください。

具体的な例としては、

- **コマンドパレットUIによる操作**
- **検索と置換**
- **マルチカーソル**

などの操作が挙げられます。ほかにも、パッケージによっては操作のキャンセルにCore: Cancelを割り当てているため、困ったときにはぜひ実行してみましょう。

キャンセルと同様に困ったときに有効なコマンドがWindow: Reload(ctrl-alt-cmd-l)です。このコマンドは、実行したウィンドウを初期化して作りなおします。リロードを実行するとメモリも解放されるため、正常な状態に戻すだけでなく、動作も軽くなる可能性があります。パッケージがうまく機能しないときや表示がおかしいときなどは、再起動ではなくまずはリロードを試してみましょう。

3.3 文字コード／改行コード／シンタックスの選択

コンピュータの世界では、テキストデータはプログラミング言語の種類よりもまず文字コードで区別されます。そして、プログラミング言語は英語や日本語などの自然言語ではなく、HTMLやJavaScriptなどのシンタックス[注15]によって判別されます。

Atomでは、標準で一般的な文字コードとシンタックスを扱うことができ、シンタックスはパッケージを追加することによりさらにサポート範囲を広げることができます。まずはこの2つを任意で選択する方法を解説します。

文字コードの選択——Encoding Selector: Show

Atomは第2章で解説したように、ステータスバーに現在選択されている

注15　プログラミング言語の持つ固有の構文をシンタックスと呼びます。言語によっても、複数のシンタックスを持つ場合があります(JavaScriptとJSXなど)。

文字コードが表示されます。

文字コードを切り替えたい場合は、この文字コードの表示をクリックする、もしくはEncoding Selector: Show（ctrl-shift-u）コマンドを実行します。コマンドを実行するとコマンドパレットUIから文字コードを選択でき、選択した文字コードで現在バッファが読み込みなおします（変換されるわけではありません）。

執筆現在、Atomは文字コードの自動判別があまり得意ではないため、Shift_JISなど日本特有の文字コードを扱う場合はこのコマンドによって切り替える必要があるでしょう。

改行コードの選択——Line Ending Selector: Show

改行コードの切り替えも、文字コードと同じようにステータスバーの表示をクリックする、もしくはLine Ending Selector: Showコマンドを実行します。

編集中のファイルの改行コードを一括置換することも可能です。標準でLRとCRLFへの変換コマンドが用意されているので、変換したいファイルで次のコマンドを実行しましょう。

- Line Ending Selector: Convert To LF
- Line Ending Selector: Convert To CRLF

CRに変換するコマンドは用意されていないため、もし変換したい場合は、Atomを利用する以外の方法で行う必要があります。

シンタックスの選択——Grammar Selector: Show

シンタックスも文字コードと同様に、ステータスバーに現在選択されているシンタックスが表示されています。

切り替え操作も同様で、シンタックス表示をクリックする、もしくはGrammar Selector: Show（ctrl-shift-l）コマンドを実行します。

選択されるシンタックスは、拡張子もしくはshebang[注16]で自動的に判断さ

注16　スクリプトファイルの1行目で#!から始まる特殊なコメントです。UNIX系OSでは、一般的にスクリプトを実行するプログラムの指定に使われます。日本語ではシバンと呼ばれることが多いです。

れるしくみとなっています。新規ファイル作成時には、ファイル名を付けて保存したタイミングで、自動的に判別されたシンタックスが適用されます。

3.4 ファイル操作

エディタというソフトウェアは、一見単純なようで実にさまざまな機能を持っています。その一つにファイル操作があります。

開発を行うと数多くのファイルを編集することになります。ファイルを扱うのは、一般的にOS XのFinderやWindowsのエクスプローラーなどファイラの仕事ですが、開発の最中にほかのソフトウェアとの横断が多くなると、集中力が低下したりします。しかし、エディタ内でファイル操作が完結できると、集中して開発が行えるようになります。

そのため多機能エディタでは優れたファイル操作を提供していることが多く、もちろんAtomも例外ではありません。

ここでは、そんなAtomのファイル操作を解説していきます。

ファイルの作成と保存

まずは、基本となるファイルの作成と保存から解説しましょう。

■新規ファイルを作成する――Application: New File

新規ファイル作成のコマンドはApplication: New File(cmd-n)です。一般的なソフトウェアと同じであるため、わざわざ確認するまでもないかもしれません。コマンドを実行すると、「untitled」というバッファが作成されます。

この「untitled」は第2章でも触れましたが、メモリ上に作成されたオブジェクトであるため、名前を付けて保存するまではディスク上には作成されず、ほかのアプリケーションからは触れることができません。

また、このバッファはまだどんなファイルになるのか定められていないため、プレーンテキストシンタックスが選択されています。そのため、もしすでに作成するファイル名が決まっている場合は、「ファイルを操作する」(57ページ)で紹介するTree View: Add Fileコマンドを利用してファイル名を入力してダイレクトにファイルを作成するほうがよいでしょう。

■保存する——Core: Save、Window: Save All

ファイルを作成した次は保存です。ここでは2つの保存方法を紹介します。

まず1つ目は、編集中のファイル(アクティブなペイン)を保存するCore: Save(cmd-s)です。untitledバッファで実行すると、保存場所とファイル名を確認するダイアログが表示されます。すでにファイルが存在する場合は上書きされます。

2つ目は、現在アクティブになっているAtomウィンドウ上のすべてのファイルを保存するWindow: Save All(alt-cmd-s)です。動作自体はCore: Saveと同じです。目的に合わせて使い分けてください。

■別名で保存する——Core: Save As

ファイルを保存する際、別の名前で保存したい場合があります。そのときは、Core: Save As(shift-cmd-s)コマンドを使います。

untitledバッファを保存する場合と同じダイアログが表示されるので、保存場所とファイル名を決定しましょう。

Fuzzy Finderによるファイルやバッファの切り替え

ここからはファイルを開く操作、すでに開いているファイルを切り替える操作について解説していきます。

Fuzzy FinderはAtomに搭載されている検索スタイルの一つです。Fuzzy(あいまいに)Finder(見つけるもの)という意味のとおり、完全一致で検索するのではなく、部分一致かつ、ワード区切りを無視して検索を行います。

AtomではFuzzy Finderを使った目的に応じたさまざまな切り替え手段が用意されていますので、ぜひいろいろと試して自分に合った方法を見つけてください。

■ファイルを開く——Fuzzy Finder: Toggle File Finder

まだAtomで開いていないファイルを開く方法の中で、最も基本となる操作がFuzzy Finder: Toggle File Finder(cmd-p、cmd-t)です。

このコマンドを実行するとコマンドパレットUIが起動して、プロジェクト内のファイル一覧から絞り込み検索を利用して、選択したファイルを開くことができます。

操作に慣れるまで時間がかかるかもしれませんが、AtomではこのようにコマンドパレットUIによってさまざまな絞り込み検索が実現できるようになっているため、ぜひ身に付けておきたい操作です。

■バッファを開く――Fuzzy Finder: Toggle Buffer Finder

続いては、Atomですでに開いているファイルを切り替える操作です。こちらはFuzzy Finder: Toggle Buffer Finder(cmd-b)です。

Toggle File Finderと同じく、コマンドパレットUIによって現在開いているバッファのみが一覧で表示され、選択したバッファへと切り替えることができます。

■git statusから開く――Fuzzy Finder: Toggle Git Status Finder

最後に紹介するのは、Gitで管理しているプロジェクトにおいてのみ使えるコマンドであるFuzzy Finder: Toggle Git Status Finder(shift-cmd-b)です。

こちらは、Gitでgit statusコマンドを実行した際に表示されるファイル、つまりまだ変更がコミットされていないファイルのみを対象して開くことができるコマンドです。

具体例としては、たとえばRailsプロジェクトなどでgenerateコマンドを実行して自動的に生成されたり変更されたファイルを開く場合、**図3.8**のように更新されたファイルのみをすぐに開くことができます。

適切にGitで管理しているプロジェクトでは、とても有効なコマンドと言えるでしょう。AtomとGitの連携操作については、第5章「Gitの利用」(141ページ)で詳しく紹介しています。

ツリービュー

第2章でも説明したとおり、ツリービューはAtomにおけるファイラと呼べる機能です。ツリービューでは基本的なファイル操作のほとんどすべてが行えるようになっており、コンテキストメニューによる操作も可能と

図3.8 Toggle Git Status Finder

なっています。

コマンドが覚えられない人でも十分に機能を利用でき、コマンドが得意な人であればすべての操作をキーボードから行えるようになっています。

■ツリービューを表示する／位置を切り替える
——`Tree View: Toggle`、`Tree View: Toggle Side`

まずは、ツリービューの表示切り替えについて学んでおきましょう。

`Tree View: Toggle`(`cmd-\`)はツリービュー自体の表示／非表示を切り替えます。非表示にしたツリービューはAtomを終了しても記憶され、同じプロジェクトでは再度表示するまで非表示になったままになります。ただし、すべてのAtomウィンドウで非表示になるわけではありません。

もしツリービュー自体が邪魔なので利用したくないという場合は、パッケージ設定からDisableにすることで、恒久的にツリービューを利用できなくすることが可能となります。

`Tree View: Toggle Side`はツリービューの表示位置を左右に切り替えるコマンドです。標準では左に位置していますが、右に表示させると第4章で解説する設定ファイル(`config.cson`)に設定が記録され、こちらはすべてのAtomウィンドウで恒久的に右に表示されるようになり、左へ戻すと設定が自動的に削除されます。

なお、コマンドとして実装されているこのTree View: Toggle Sideは、パッケージの設定からも設定可能となっています。

■フォーカスを移動する――Tree View: Toggle Focus

コマンドパレットを利用すると、次に紹介する各種ファイル操作のコマンドをどこからでも実行できますが、キーバインドはツリービューにフォーカスが当たっている場合のみ有効となるようスコープが設定されています。

もちろんツリービューをクリックするとフォーカスを移動できますが、キーバインドによるフォーカス移動を覚えると、すべてキーボードから操作できます。

Tree View: Toggle Focus (ctrl-0) はエディタからツリービューへフォーカスを移動するコマンドです。再度実行するとエディタへとフォーカスが戻ります。

■ファイルを操作する――Tree View: Add File、Tree View: Add Folder、Tree View: Duplicate、Tree View: Rename、Tree View: Remove...

表示、フォーカスの次はいよいよファイル操作です。機能が多いため**表3.3**にまとめました。

Tree View: Add FileはAtomから**図3.9**のように先にファイル名を入力して、新規ファイルを作成します。Application: New Fileと違って、保存しなくても空のファイルがディスク上に作成されます[注17]。

また、このコマンドはツリービューにフォーカスがあるとき[注18]、aで実行できるようにキーバインドが設定されています。ツリービューでは文字入力を行わないためシングルキーのキーバインドが設定されており、覚えておけばキーボードから自在にファイルを操作できるようになるでしょう。

なお、コマンドはすべてキーバインドに割り当てられることから、標準でApplication: New Fileが割り当てられているcmd-nをTree View: Add

---

注17　存在しないファイル名でtouchコマンドを実行した場合と同じ動作になります。

注18　より厳密に言えば、ツリービューのDOMにスコープされているときです。こういったしくみについても第7章で詳しく解説しています。

表3.3 ツリービューの操作一覧

種類	コマンド	キーバインド	説明
ファイル操作	Tree View: Add File	a	ファイルを追加する
	Tree View: Add Folder	shift-a	ディレクトリを追加する
	Tree View: Copy	cmd-c	ファイル／ディレクトリをコピーする
	Tree View: Cut	cmd-x	ファイル／ディレクトリをカットする
	Tree View: Paste	cmd-v	ファイル／ディレクトリをペーストする
	Tree View: Move	m、f2	ファイル／ディレクトリを移動する
	Tree View: Remove	backspace、delete	ファイル／ディレクトリを削除する
	Tree View: Duplicate	d	ファイル／ディレクトリを複製する
	Tree View: Rename	なし	ファイルやフォルダをリネームする
	Tree View: Copy Full Path	ctrl-shift-c	ファイル／ディレクトリのフルパスをコピーする
表示切り替え	Tree View: Recursive Collapse Directory	alt-left、ctrl-alt-[	ディレクトリを再帰的に折り畳む
	Tree View: Recursive Expand Directory	alt-right、ctrl-alt-]	ディレクトリを再帰的に展開する
	Tree View: Collapse Directory	left、ctrl-b、h、ctrl-[	ディレクトリを折り畳む
	Tree View: Expand Directory	right、ctrl-f、l、ctrl-]	ディレクトリを展開する
	Tree View: Toggle Vcs Ignored Files	i	.gitignoreファイルで指定されているファイル／ディレクトリの表示／非表示を切り替える
	Tree View: Reveal Active File	cmd-|	アクティブなファイルにフォーカスを移動する※
ファイルを開く	Tree View: Open Selected Entry	enter	最後にアクティブだったペインでファイルを開く
	Tree View: Open Selected Entry In Pane 1-9	cmd-1から cmd-9	ファイルを1-9番目のペインで開く
	Tree View: Open Selected Entry Up	cmd-k up、cmd-k k	ペインを縦分割して上のペインでファイルを開く
	Tree View: Open Selected Entry Down	cmd-k down、cmd-k j	ペインを縦分割して下のペインでファイルを開く
	Tree View: Open Selected Entry Right	cmd-k right、cmd-k l	ペインを横分割して右のペインでファイルを開く
	Tree View: Open Selected Entry Left	cmd-k left、cmd-k h	ペインを横分割して左のペインでファイルを開く

※折り畳まれたディレクトリの中にファイルがある場合は自動的に展開します。

図3.9 Tree View: Add Fileによる新規ファイル作成

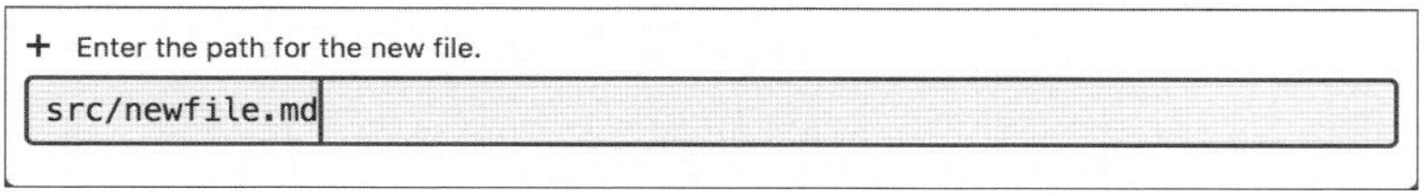

Fileで上書きして、新規ファイル作成は必ずファイル名を入力して作成するように変更することも可能です。キーバインドの変更については第7章「キーバインドのカスタマイズ」(204ページ)で詳しく解説しています。

3.5 移動操作

エディタ操作が巧みなプログラマーは、まるでショパンのエチュードを華麗に弾きこなすピアニストのように目にも止まらぬ早業で目的の位置へとカーソルを移動します。

Atomには標準でさまざまな移動コマンドが用意されているため、これらを駆使することで即座に目的の位置へカーソルを移動できます。

この操作をより強化するパッケージも存在しますが、ここはでまず標準の移動操作について学んでおきましょう。

カーソルの移動

まずは単純なカーソルの移動について解説していきます。単純と言っても、カーソルキーで1文字ずつ移動する以外に、さまざまなコマンドが用意されています。

一部の操作については図3.5(47ページ)ですでに紹介していますので、確認しながら読み進めるとより理解が深まるでしょう。

なお、1文字単位とページ単位の移動については標準のキー操作と同じなので解説を省略します。

■単語頭／単語末へ移動する
——Editor: Move To Beginning Of Word、Editor: Move To End Of Word

左右のカーソルキーは1文字単位でカーソルを移動しますが、Editor: Move To Beginning Of Word(alt-b、alt-left)とEditor: Move To End Of Word(alt-f、alt-right)は単語単位でカーソルを前後(左右)に移動します。

のちほどあらためて解説していますが、shiftを押しながら実行すると語単位で文字列を選択できるようになっています。

■行頭／行末へ移動する——Editor: Move To Beginning Of Line、Editor: Move To End Of Line、Editor: Move To First Character Of Line、Editor: Move To End Of Screen Line

カーソルを行末へ移動するには、Editor: Move To End Of Line(ctrl-e)を使います。また、行を折り返し表示している場合に、画面上の行末へと移動するEditor: Move To End Of Screen Line(end、cmd-right)というコマンドも用意されています。実際に試してみて好みの操作でキーバインドをカスタマイズするとよいでしょう。

さて、反対となる行頭への移動はと言うと、もちろんEditor: Move To Beginning Of Lineというコマンドが用意されていますが、AtomではEditor: Move To First Character Of Line (ctrl-a、home、cmd-left)というコマンドにキーバインドが割り当てられています。

このEditor: Move To First Character Of Lineは単純に行頭へ移動するコマンドではなく、名前のとおり現在行の1文字目へと移動するコマンドです。つまり、空白文字で始まる行で実行すると、空白文字をスキップして最初の文字にカーソルが移動します。そして、空白文字をスキップした最初の文字にカーソルがあるときに実行すると、今度は空白文字を越えて本当の行頭へと移動します。そしてさらに実行すると、今度は再び最初の文字へとカーソルが移動するしくみになっています。なお、行を折り返して表示している場合は、画面上の行頭へと移動して、追加で実行してもそこから移動しません。

実は、筆者はEmacsでこのコマンドを実装して使っていたためAtomでも自分で作成して登録していたのですが、いつからか標準で採用されるようになったため、お役御免となりました。

もしこの動作が気に入らない場合は、ctrl-aなどにEditor: Move To

Beginning Of Lineを割り当てるとよいでしょう。

■前の段落／次の段落へ移動する——Editor: Move To Beginning Of Next Paragraph、Editor: Move To Beginning Of Previous Paragraph

ここまでは行の中のみの移動でしたが、今度は段落を移動してみましょう。

Editor: Move To Beginning Of Next ParagraphとEditor: Move To Beginning Of Previous Paragraphは前の段落／次の段落へカーソルを移動します。

キーバインドの割り当てはないため、もし頻繁に利用したい場合はぜひ割り当てましょう。

■ファイル先頭／ファイル末尾へ移動する——Core: Move To Top、Core: Move To Bottom

ファイル先頭／ファイル末尾へ移動するには、それぞれCore: Move To Top(cmd-up)とCore: Move To Bottom(cmd-down)を使います。

ブラウザなどではhomeとendに割り当てられているこの動作ですが、前述のとおり、Atomでは標準でhomeとendには別の動作が割り当てられているので注意しましょう。

■行番号へ移動する——Go To Line: Toggle

行番号がわかっていれば、直接行番号を入力して指定した行へとカーソルを移動できます。

Go To Line: Toggle(ctrl-g)を実行するとコマンドパレットUIが開き、行番号を入力してenterを入力すると指定した行へと移動します。

タグジャンプ

タグジャンプは初見のコードを解読する際、なくてはならない機能だと言えます。

タグジャンプとは、簡単に説明すると関数やメソッドの宣言元(定義元)に移動する機能です。Atomでは標準で独自の解析機能と、Ctags (tags、.tags、TAGSファイル)が提供するタグの解析機能を持っています[注19]。

注19　GNU GLOBALには対応していません。

Atomでは、コード解析によって得られた関数やメソッドなどを総称してシンボルと呼んでいますので、本特集でもそれに倣(なら)ってシンボルと呼称します。

■ファイルシンボルへ移動する——Symbols View: Toggle File Symbols

Symbols View: Toggle File Symbols(cmd-r)は、編集中のファイル内で見つかったシンボルをコマンドパレットUIに一覧表示して選択した場所へと移動するコマンドです。

標準でCtagsに対応しているAtomでは、プロジェクトルートでctagsコマンドを実行してタグファイルを作成しておくと、自動的にこれを利用してくれます。

なお、タグファイルを作成できないMarkdownファイルでこのコマンドを実行すると、**図3.10**のように独自解析機能によって見出しを一覧表示してくれます。

図3.10 Markdownファイルで Symbols View: Toggle File Symbolsを実行した結果

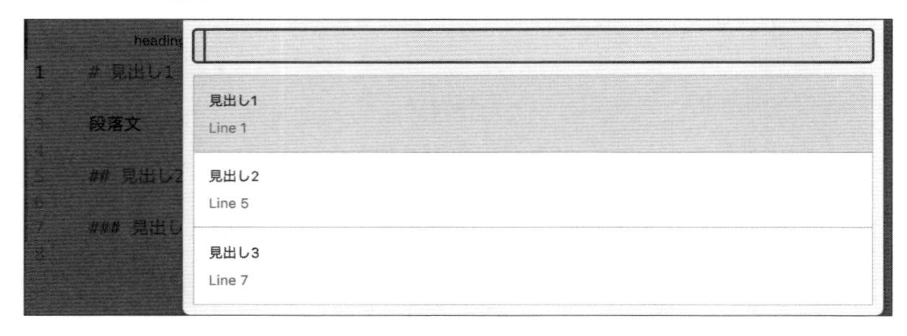

■プロジェクトシンボルへ移動する——Symbols View: Toggle Project Symbols

Symbols View: Toggle Project Symbols(shift-cmd-r)は、プロジェクト全体へと対象を広げてコマンドパレットUIにシンボル一覧を表示します。

使い方はSymbols View: Toggle File Symbolsと同じです。別ファイルの宣言元へ移動したい場合はこちらを利用しましょう。

■宣言元へ移動する／移動前に戻る——Symbols View: Go To Declaration、Symbols View: Return From Declaration

最後に紹介するコマンドは、宣言元へ移動したり、もとのファイルへと戻るタグジャンプの中で最も頼りになるコマンドです。

Symbols View: Go To Declaration (alt-cmd-down) は、カーソル位置のシンボルの宣言元へと移動するコマンドです。同じ名前のシンボルが存在する場合はコマンドパレットUIから選択できるようになっています。

Symbols View: Return From Declaration (alt-cmd-up) は、Symbols View: Go To Declarationを利用して移動したあとに実行すると、移動前の場所へと戻るコマンドです。

ほかのエディタでタグジャンプを利用していた人にとっては当たり前の機能かもしれませんが、Atomでも利用できるようになっていますので安心してください。

ブックマーク

ブラウザのブックマークは、WebページのURLを登録することでいつでも好きなときに訪問できるようにする機能です。Atomのブックマークは、ファイルの行を登録することでいつでも訪問できるようになる機能です。

登録したブックマークはプロジェクト単位で閲覧や移動ができる仕様となっています。また、ブックマークは行番号が変わっても追跡するようになっています。

■ブックマークする／外す——Bookmarks: Toggle Bookmark、Bookmarks: Clear Bookmarks

ブックマークするためのコマンドはBookmarks: Toggle Bookmark (cmd-f2)です。実行すると、**図3.11**のようにガターにしおりマークが表示され、ブックマーク登録されます。同じ行でもう一度Bookmarks: Toggle Bookmarkを実行するとブックマークが外れるようになっています。

図3.11 ガターに表示されるしおりマーク

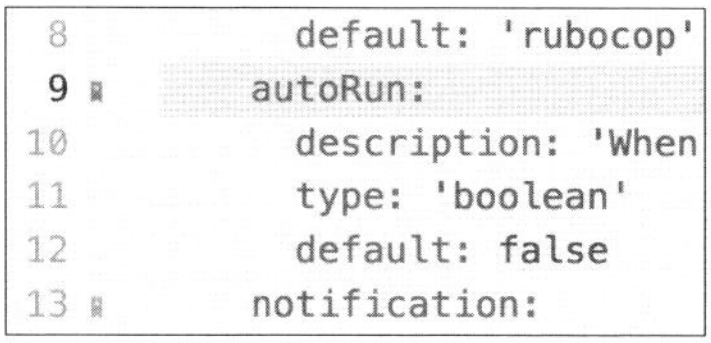

```
 8         default: 'rubocop'
 9       autoRun:
10         description: 'When
11         type: 'boolean'
12         default: false
13       notification:
```

Bookmarks: Clear Bookmarks(shift-cmd-f2)は複数形となっていることからもわかるように、ファイルに存在するブックマークをすべて登録解除します。登録解除したブックマークの復元はできませんので注意しましょう。

■ブックマークの一覧を表示する――Bookmarks: View All

登録したブックマークへの移動には2つの方法が用意されています。まず1つ目は、コマンドパレットUIに登録したブックマークを表示して選択して移動する方法です。

Bookmarks: View All(ctrl-f2)を実行すると、登録したブックマークが**図3.12**のように表示され選択できます。

図3.12 Bookmarks: View Allの表示

■ブックマークに移動する――Bookmarks: Jump To Next Bookmark、Bookmarks: Jump To Previous Bookmark

2つ目の移動方法は、実行時のカーソル位置から前後のブックマークへ直接移動するBookmarks: Jump To Next Bookmark(f2)とBookmarks: Jump To Previous Bookmark(shift-f2)です。

当然ですが、ブックマークがまだ1つも登録されていなければどこへも移動しません。

3.6 文字操作

文字操作はエディタの花形と言える操作です。熟練プログラマーが自由自在に文字列を操作する姿は、まるで魔法使いのようだと言われています。

ここでは、標準で用意されている操作のみを解説していきます。あくまで基本的な操作ですが、これらを使いこなせるようになるだけでもきっと驚くほど編集作業が効率的になるでしょう。

選択操作

まずは文字列を選択する操作から学んでいきましょう。選択した文字列に対しては削除、カット、コピー、ペーストなどの基本的な操作から、コマンドと組み合わせた高度な操作まで行えます。

通常の選択操作はshiftを押しながらカーソルを移動させたりマウスでドラッグしますが、ここではそれらとは違ったエディタならではの操作を紹介していきます。

■単語を選択する――Editor: Select Word

現在カーソル位置にある単語を選択するときは、Editor: Select Word (ctrl-shift-w)が利用できます。

通常であれば単語の開始文字もしくは終了文字へ移動して選択しなければならないこの操作ですが、このコマンドを使えば、カーソル位置にかかわらず自動的に単語を認識して一発で選択してくれます。

■単語頭／単語末まで選択する ――Editor: Select To Beginning Of Word、Editor: Select To End Of Word

カーソル移動で紹介した単語頭／単語末へ移動するEditor: Move To Beginning Of WordとEditor: Move To End Of WordのキーバインドにShiftを付けると、それぞれEditor: Select To Beginning Of WordとEditor: Select To End Of Wordが呼ばれます。

Editor: Select To End Of Word (alt-shift-right、alt-shift-f)はカ

ーソル位置から単語終わり(右方向)までを選択します。このコマンドは続けて実行する[注20]と、次の単語へとどんどん選択範囲を広げていきます。途中で、altを離してしまえば、通常の1文字単位の選択へとスイッチすることもできます。

Editor: Select To Beginning Of Word(alt-shift-left、alt-shift-b)は逆に単語の始まり(左方向)へ選択範囲を広げるコマンドです。

選択操作コマンドのほとんどは実行中にほかのコマンドにスイッチして利用することが可能となっているため、直感的に選択範囲を調整できるようになっています。

■現在行を選択する――Editor: Select Line

Editor: Select Line(cmd-l)は、実行したカーソル位置の行をすべて選択するコマンドです。続けて実行すると、下の行へと選択範囲を広げていきます。

ちなみに実行後は行頭から選択を開始したのと同じ状態となっているため、shiftを押しながらカーソルを移動すると選択範囲が変化します。

■行頭／行末まで選択する――Editor: Select To Beginning Of Line、Editor: Select To First Character Of Line、Editor: Select To End Of Line

単語頭まで選択するEditor: Select To Beginning Of Wordと同様に、Editor: Move To First Character Of Lineもshiftを付ければ、Editor: Select To First Character Of Line(ctrl-shift-a、shift-home、shift-cmd-left)となって選択コマンドへと変化します。確実に行頭までを選択するEditor: Select To Beginning Of Lineも用意されていますが、キーバインドは割り当てられていないのも同じです。

もちろん、行末までを選択するEditor: Select To End Of Line(ctrl-shift-e、shift-end、shift-cmd-right)も用意されています。なお、折り返し表示している場合は画面上の行末までしか選択されません。

注20　キーリピートが利用できるため、Editor: Select To End Of Wordの場合、rightもしくはfを押し続けることで連続して実行できます。

■ファイル先頭／ファイル末尾まで選択する ——Core: Select To Top、Core: Select To Bottom

カーソル位置からファイルの先頭まで選択するにはCore: Select To Top (shift-cmd-up)を、ファイルの末尾まで選択するにはCore: Select To Bottom (shift-cmd-down)を利用します。

■全体を選択する——Core: Select All

全体を選択するCore: Select All (cmd-a)は多くのアプリケーションで利用できるコマンドであるため、知っている人も多いでしょう。

実行するとファイル全体を選択した状態になり、shiftを押しながらカーソルを移動するとファイル末尾から選択範囲が変化します。

文字列操作

ここからは標準で用意されている、文字列を操作するコマンドを紹介していきます。

■大文字／小文字にする——Editor: Upper Case、Editor: Lower Case

Editor: Upper Case(cmd-k cmd-u)は文字列を大文字に、Editor: Lower Case(cmd-k cmd-l)は文字列を小文字に変換するコマンドです。

どちらのコマンドも何も選択していない状態で実行すると、Editor: Select Wordで選択される範囲を変換します。文字列を選択中に実行すると、想像どおり選択範囲のみを変換してくれます。

さて、英語の表記方法にあまり馴染みがない人のために、ここでさまざまな表記方法とその名前を紹介しておきます。**表3.4**に整理しましたので、知らない人はぜひ覚えておきましょう[注21]。

■前後の文字を入れ替える——Editor: Transpose

Editor: Transpose (ctrl-t)はカーソル前後の文字を入れ替えるコマンドです。

注21　標準では提供されていませんが、change-caseパッケージを利用すると、コマンドからさまざまなケース変換ができるようになります。パッケージのインストールは第4章で詳しく解説しています。

表3.4 英語の表記方法一覧

名前	説明	例
アッパーケース	すべて大文字で表記する	UPPER CASE
ロウアーケース	すべて小文字で表記する	lower case
キャメルケース	小文字から始まり、続く単語はスペースを省略し、先頭を大文字で表記する※	camelCase、CamelCase
スネークケース	単語を_(アンダースコア)区切りで表記する	snake_case

※先頭が大文字から始まるものをアッパーキャメルケース、小文字から始まるものをロウアーキャメルケースと区別することもあります。

使い慣れるまで有用性を理解しにくいコマンドですが、操作が身に付くととても便利なコマンドです。

■コメントアウト／アンコメントする——Editor: Toggle Line Comments

Editor: Toggle Line Comments（cmd-/）は、ソースコードのある行で実行するとカーソルのある行のコードをコメントアウト（コメント化）してくれます（**図3.13**左）。使用するコメント記号は編集しているシンタックスに応じて適切なものが入力されます。逆にコメント化されている行で同じように実行すると、今度はアンコメント（コメントを外す）してくれます（図3.13右）。

図3.13 コメントアウト（左）／アンコメント（右）

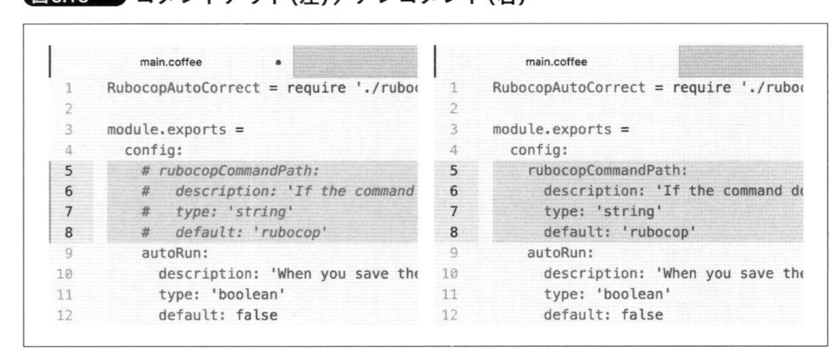

複数行をコメントアウト／アンコメントしたい場合は、対象の行を選択して同じコマンドを実行するだけです。

プログラマーにはなくてはならないコマンドです。

行操作

続いては、行単位で文字列を操作するコマンドを紹介していきます。

■行をつなぐ——Editor: Join Lines

Editor: Join Lines (cmd-j) はカーソル位置の行と次の行をつなぐコマンドです。実行するとカーソルは接続部分へと移動して、スペースで区切っている状態になります。

複数行を選択して実行することで、一度に複数の行を接続することもできます。複数行で記述された配列などを1行にまとめたい場合に有効なコマンドです。

■行末までを切り取る——Editor: Cut To End Of Line

Editor: Cut To End Of Line(ctrl-k)はカーソル位置から行末までをカットするコマンドです。

Emacsにも似たコマンドがありますが、キルリングというしくみを持つEmacsとは違い、あくまでカットするだけです。そのため、連続して実行した場合、クリップボードの内容は上書きされます。

なお、このコマンドはOS Xで標準的に利用できるコマンドでもあります[注22]。

■行頭／行末まで削除する——Editor: Delete To Beginning Of Line、Editor: Delete To End Of Line

Editor: Delete To Beginning Of Line (cmd-backspace、shift-cmd-backspace) とEditor: Delete To End Of Line (cmd-delete) はそれぞれカーソル位置から行頭、行末までを削除するコマンドです。

あくまで削除するコマンドなので、クリップボードには入りません。

■行を複製する——Editor: Duplicate Lines

Editor: Duplicate Lines(shift-cmd-d)は、カーソル行を複製してすぐ

注22　ただしOS Xでは、Ctrl＋Kでカットしたテキストの貼り付けには⌘＋VではなくCtrl＋Yを使用する必要があります。

下の行に挿入するコマンドです。複数行を選択していても複製可能です。
コピーするわけではないので、こちらもクリップボードには入りません。

■行を入れ替える——Editor: Move Line Up、Editor: Move Line Down

Editor: Move Line Up(ctrl-cmd-up)とEditor: Move Line Down(ctrl-cmd-down)は、現在行を上下の行と入れ替えるコマンドです。連続して実行すると、次々と行を入れ替えます。
複数行を選択して実行することで、同時に複数行を入れ替えることができます。

■現在行を削除する——Editor: Delete Line

Editor: Delete Line(ctrl-shift-k)は現在行を削除します。こちらもクリップボードには入らないので、本当に削除したい場合のみ利用しましょう。複数行を選択して実行することで同時に削除できます。

インデント

インデント(字下げ)は、コードを書くうえで避けて通ることができない要素です。
PythonやCoffeeScriptでは、インデントがブロックを表現する文法として機能しています。また、インデントスタイル[注23]やコーディング規約と呼ばれるルールによって、プロジェクトや組織で統一を図ることが一般的とされています。
ただ、処理内容と直接関係のない部分ではできるだけ手間をかけたくないものです。そこで頼りになるのが、エディタによるインデントサポートです。

■インデントを増やす/減らす——Editor: Indent、Editor: Outdent Selected Rows

Atomのtabはタブ文字の挿入ではなくEditor: Indentというインデントを1つ増やす(インデントレベルを上げる)コマンドになっています。使用するインデントは、第4章の「エディタ設定」(105ページ)で解説している設定

注23 http://ja.wikipedia.org/wiki/字下げスタイル

値に従って、幅やスペースかタブのどちらを使用するか決定しています。

Editor: Outdent Selected Rows (shift-tab、cmd-[) は逆にインデントを1つ減らす(インデントレベルを下げる)コマンドです。

両方のコマンドとも、複数行を選択した同時編集が可能です。

■自動インデント——Editor: Auto Indent

Editor: Auto Indentは、現在行もしくは選択行のインデントを、1つ上の行のインデント位置を参考にして自動的にそろえるコマンドです。

たとえば**図3.14**のように複数行を選択して実行すると、選択されているシンタックスに従ってインデントが計算され、**図3.15**のように整形されます。

図3.14 Editor: Auto Indent実行前

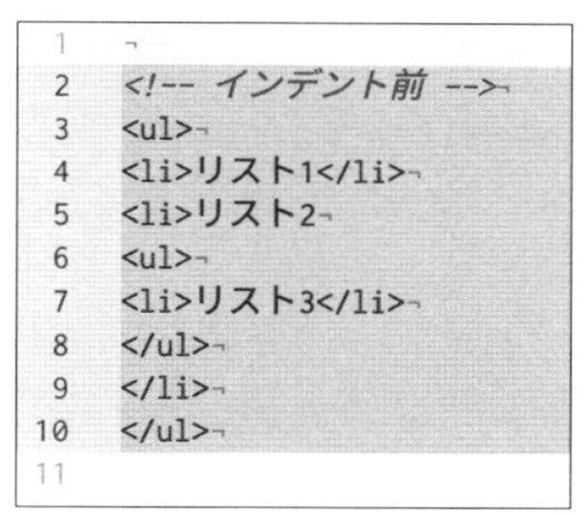

図3.15 Editor: Auto Indent実行後

```
<!-- インデント後 -->
<ul>
  <li>リスト1</li>
  <li>リスト2
    <ul>
      <li>リスト3</li>
    </ul>
  </li>
</ul>
```

■自動インデントを切り替える——Window: Toggle Auto Indent

Atomには、新規行の挿入時や閉じタグの挿入時に自動インデントを行う設定が用意されています。設定画面で切り替えることができるこの設定ですが、Window: Toggle Auto Indentというコマンドからも切り替え可能になっています。

なお、このコマンドによる設定変更はグローバル[注24]となっています。

検索と置換

検索と置換は、エディタの機能として最もなくてはならない機能でしょう。Atomでは、編集中のバッファを対象とするFind And Replaceと、プ

注24　すべてのAtomウィンドウに対して恒久的に反映されるという意味です。

ロジェクト全体を対象とするProject Findの2種類の検索コマンドが用意されています。

■検索する──Find And Replace: Show

Find And Replace: Show(cmd-f)コマンドを実行すると、**図3.16**のようなパネル(以下検索パネル)がポップアップします。

図3.16 Find And Replace: Showで表示される検索パネル

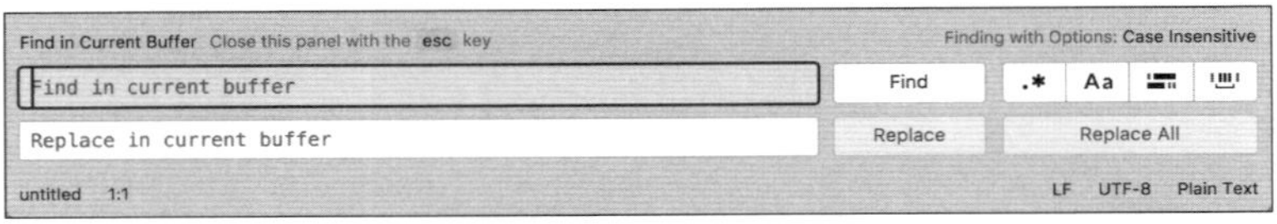

Find in Current Buffer Close this panel with the esc key
Finding with Options: Case Insensitive
Find in current buffer
Find
.* Aa
Replace in current buffer
Replace
Replace All
untitled 1:1
LF UTF-8 Plain Text

上段(「Find in current buffer」と書かれたインプットボックス)が検索文字列、下段(「Replace in current buffer」と書かれたインプットボックス)は置換文字列を入力するフォームになっており、コマンド実行直後は上段にフォーカスが移動した状態になっています。

すでにフォーカスは検索ボックスに移動していますので、そのまま3文字以上[注25]入力すると、バッファ上でマッチする文字列がリアルタイムに枠で囲まれ[注26]、インプットボックスのすぐ上にマッチした件数が表示されます。

検索のマッチは、カーソルの位置より右方向にある文字列から行われます。Find And Replace: Find Next(cmd-g)もしくはインプットボックスにフォーカスのある状態でenterを入力するか、インプットボックスの右にある「Find」ボタンを押すと、次にマッチする文字列へと移動します。マッチする文字列がなくなると、バッファの頭から再度検索を開始します。

Find And Replace: Find Nextは、検索パネルが閉じた状態でも最後に検索した文字列を使用してマッチする文字列への移動が行われます。また、Find And Replace: Find Previous(shift-cmd-g)を実行すると、左方向へ移動できます。なお、これら検索と移動のキーバインドはOS標準にもなっているため、ほかの多くのアプリケーションでも同じ操作が行えます。

なお、文字列を選択した状態で実行することで検索ボックスに選択文字

注25 3文字以上という文字数はパッケージ設定から変更可能です。詳しくはAppendix B「find-and-replace」(265ページ)で解説しています。

注26 この表示はCSSで変更可能なためテーマによって表現が異なります。

列を入力した状態で検索パネルを開くことができ、テキストをコピーする手間が省略できます。

■置換する――Find And Replace: Show Replace

Find And Replace: Show Replace (alt-cmd-f) を実行すると、検索パネル下段の「Replace in current buffer」にフォーカスした状態で検索パネルを開きます。すでに開いた状態であれば、tabまたはshift-tabを入力するとフォーカスを移動できます。

ここへ置換したい文字列を入力してenterを入力するか、インプットボックスの右にある「Replace」ボタン、すべて置換したい場合は「Replace All」ボタンを押すと置換が実行されます。

ちなみに、検索と置換の両方ともプロジェクトごとに過去の入力内容を記憶しています。それぞれのボックスでupを入力すると履歴を利用できます。

検索パネルを閉じるのは、少し前に紹介したCore: Cancel、もしくはFind And Replace: Toggleで可能になっています。

文字列を選択した状態で実行すると、Find And Replace: Showと同様に検索パネル下段のインプットボックスに選択文字列が入力された状態で起動します。

■選択文字列を検索する――Find And Replace: Use Selection As Find Pattern

バッファ上のテキストを利用して検索したい場合は、Find And Replace: Use Selection As Find Pattern(cmd-e)を使用しましょう。カーソル位置の単語を自動的に拾い上げ検索を開始します。

なお、文字列を選択した状態で実行すると、Find And Replace: Showと同じ動作になります。

■検索オプション

「Replace All」ボタンのすぐ上にあるボタンが気になった方もいるかもしれません。これは検索オプションで、ボタンを押すことで検索のしくみを変化させます。

それぞれの意味については、ボタンの上にカーソルを置くとツールチップで説明が表示されます。それぞれ詳細は**表3.5**のとおりです。標準ではすべてオフとなっており、ボタンを押してオンにするとボタンの上に現在の状態の説明が表示されます。

表3.5 検索オプション一覧

ボタンの表示	ツールチップの表記	切り替えコマンド※1	説明
.*	Use Regex	Find And Replace: Toggle Regex Option (alt-cmd-/)	正規表現を利用する。標準では利用しない
Aa	Match Case	Find And Replace: Toggle Case Option (alt-cmd-c)	大文字小文字を区別する。標準では区別しない
	Only In Selection	Find And Replace: Toggle Selection Option (alt-cmd-s)	選択範囲のみを対象とする。標準では全体を対象とする
	Whole Word	Find And Replace: Toggle Whole Word Option (alt-cmd-w)	単語全体にだけマッチさせる※2。標準ではすべてにマッチする

※1 キーバインドはスコープが設定されており、検索パネルにフォーカスがあるときのみ有効です。
※2 たとえばcutで検索すると、cuteにはマッチしません。

■プロジェクトを検索／置換する――Project Find: Show

Atomには、編集中のバッファのみではなくプロジェクト全体を対象として検索を実行するProject Find: Show (shift-cmd-f) という便利なコマンドが備わっています[注27]。

このコマンドは、Atomのプロジェクト内のすべてのファイル[注28]を検索し、Grepのような検索にマッチした行のリストを出力した「Project Find Results」という名前のペインを作成します(**図3.17**)。行をクリック、もしくは選択してenterを入力すると、ファイルが開いてマッチした行へと移動します。

検索オプションはOnly In Selectionオプションのみ利用できません。また、置換ボックスの下には「File/directory pattern.……」と書かれたファイルグロブ[注29]を入力できるインプットボックスがあり、図中でLESSファイルのみを対象としているように検索対象を制限することが可能です。

Find And Replaceの置換はマッチ箇所を1ヵ所ずつ確認しながら置換できましたが、Project Findの置換はマッチ箇所を一度にすべて置換することしかできません。しかし、置換ボックスに文字列を入力すると、**図3.18**のようにProject Find Resultsペインの検索にマッチしている文字列の右に置換後の文字列がリアルタイムで表示されるため、ミスが起きにくいようになっています。Gitが利用できるのであれば置換前にコミットしてお

注27 いわゆる串刺し検索ですね。
注28 Atomで開いていないファイルも検索対象となります。
注29 パターンによるファイルマッチを行います。

図3.17 Project Find Resultsペイン

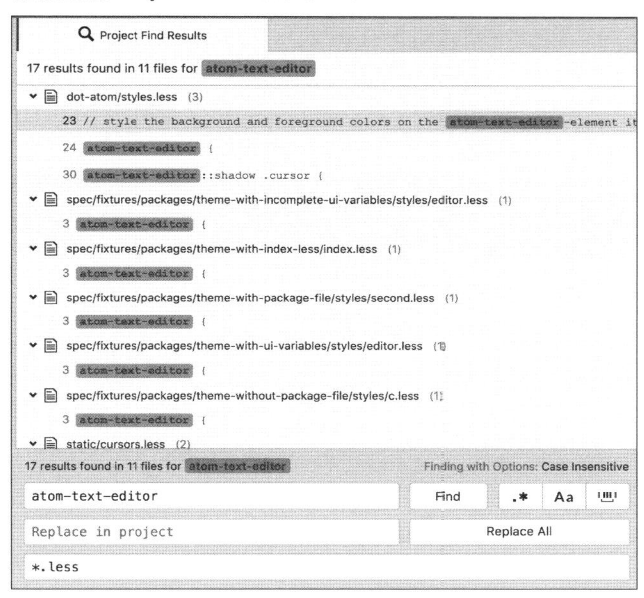

図3.18 Project Findによる置換(実行前)

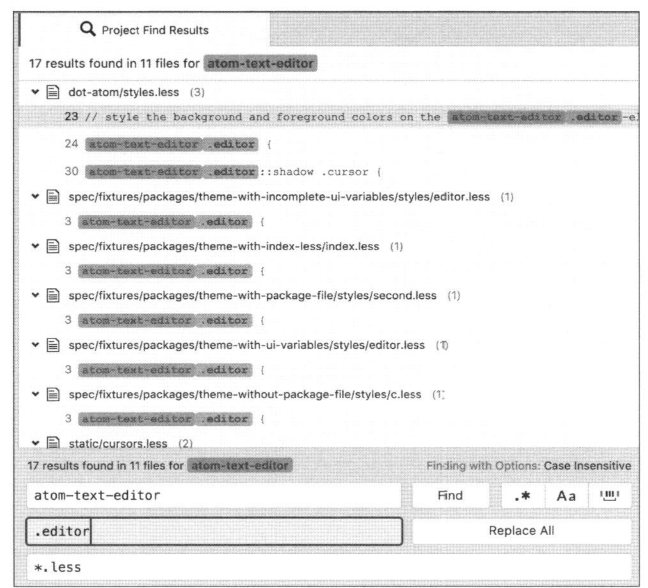

き、置換後に差分を確認できるようにしておくとよいでしょう。置換の実行は「Replace All」ボタンを押す、もしくはProject Find: Confirm (cmd-enter)で可能です。

3.7 ウィンドウ/タブ/ペインの操作

ここではAtomのウィンドウ、タブ、ペインを効率的に操作する方法を紹介していきます。特にペインの操作を自由にできるようになると、複数のファイルを見比べながら編集できるなど、生産性の向上につながります。

筆者としては、ここまでがエディタを自由に扱うための重要なスキル[注30]だと考えています。ペインやタブを自由に扱う操作は、慣れていない人にとって最初は難しいかもしれませんが諦めないでください。ここさえ乗り越えられれば、あとは一気に便利な世界が広がることでしょう。

ウィンドウ

Atomはプロジェクトごとにウィンドウを作成していきます。そのため、Atomに慣れてくると、おそらく複数のウィンドウが起動している状態になります。

ここでは、そんなAtomのウィンドウを扱う操作を紹介していきます。

■新規ウィンドウを開く/ウィンドウを閉じる
——Application: New Window、Window: Close

Application: New Window (shift-cmd-n)は、新規のAtomウィンドウを開くコマンドです。開かれたウィンドウはどのディレクトリにも関連していないため、ツリービューを開くこともできません。untitledバッファが開いた状態となっており、このバッファを保存すると保存したディレクトリがこのウィンドウのプロジェクトになります。

注30 言い換えると、ここまでがAtomが持つ基本的な機能セットであり、これ以降は応用機能と言えます。

ウィンドウを閉じるにはWindow: Close(shift-cmd-w)を使います[注31]。Gitのコミットエディタ[注32]として開いた場合は、このコマンドを利用してウィンドウを閉じましょう。

なお、このコマンドによって閉じられたウィンドウは、起動時に復元されないので注意しましょう。

■プロジェクトを追加する/削除する
——Application: Add Project Folder、Tree View: Remove Project Folder

慣れると便利なしくみのプロジェクトですが、現在作業しているプロジェクト以外のファイルを開いて作業したくなることもあります。Atomでは複数のプロジェクトを一つのウィンドウで扱うこともできます。

プロジェクトを追加にはApplication: Add Project Folder(cmd-shift-o)を使います。実行するとFinderのダイアログが表示され、ディレクトリを開くとツリービューの最下部に、指定したディレクトリがプロジェクトとして追加されます。

図3.19はprojectAディレクトリをプロジェクトとして開いているウィンドウに、projectBディレクトリを追加した場合のツリービューです。

図3.19 プロジェクト追加前(左)/追加後(右)

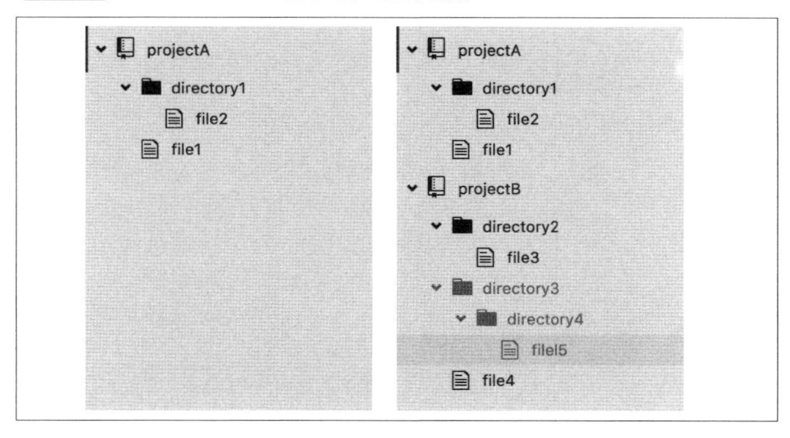

注31　これはウィンドウ上部の赤ボタンを押したときと同じ動作になります。

注32　コミットメッセージを入力するためのエディタのことです。「起動オプション」(43ページ)で解説した設定を利用している場合、git commitコマンドを実行するとAtomが起動するようになります。

プロジェクト追加後は、**図3.20**のように一つのプロジェクトのときと同じようにFuzzy Finderによるファイル操作などが行えるようになります。

図3.20 プロジェクト追加後のFuzzy Finder: Toggle File Finder

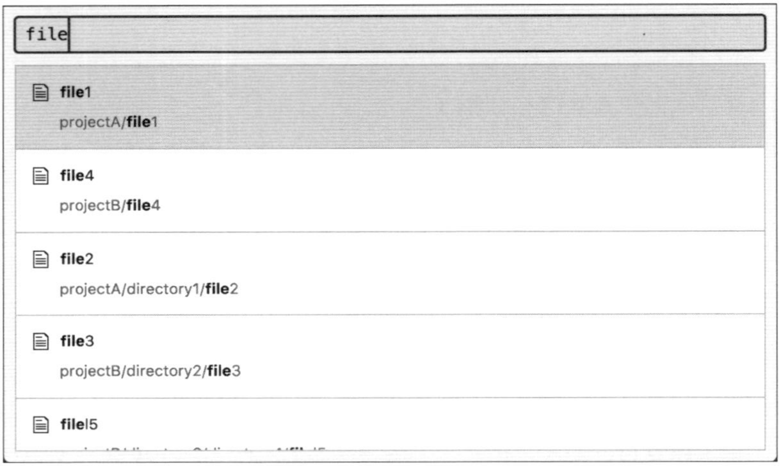

file

file1
projectA/file1

file4
projectB/file4

file2
projectA/directory1/file2

file3
projectB/directory2/file3

file5

プロジェクトを削除するには、ツリービューのプロジェクトルートディレクトリのコンテキストメニューから「Remove Project Folder」を選択します。

■ウィンドウを切り替える

複数のAtomウィンドウが立ち上がった状態のとき、ウィンドウを切り替えたくなります。第2章で解説したWindowメニューから一覧を確認して切り替え可能ですが、おそらくキーボードから切り替えたいことでしょう。

Atomでは、ウィンドウを切り替える操作はOSの管理に任せています。Macの場合は、「アプリケーション Exposé」、もしくは「次のウィンドウを操作対象にする」のショートカット（⌘ + F1）[注33]で切り替え可能です。Windowsの場合はAlt + Tabになっています。

■フルスクリーンにする——`Window: Toggle Full Screen`

フルスクリーンでAtomを使いたい人は、`Window: Toggle Full Screen`

注33 英語環境でインストールした場合は⌘ + `になります。

(ctrl-cmd-f)で切り替え可能です。トグルコマンドになっていますので、もう一度実行すると解除されます[注34]。

タブ

タブはAtomではペイン機能の一つとして実装されています。しかし、ウィンドウを分割するペインと操作が異なることから、ここではタブバーに関連する操作をまとめて紹介します。

■タブを移動する——Pane: Show Next Item、Pane: Show Previous Item

ブラウザのタブをキーボードで操作している人であれば、Atomのタブ操作はとても簡単です。なぜならば、ブラウザで一般的に登録されているタブ移動と同じショートカットがAtomのキーバインドに登録されているからです。

利用したことのない方は、**表3.6**のPane: Show Next ItemとPane: Show Previous Itemを参考にして覚えておきましょう。

表3.6 タブ操作一覧

コマンド	キーバインド	説明
Pane: Show Next Item	cmd-alt-right、ctrl-tab、cmd-}	次のタブに移動する
Pane: Show Previous Item	cmd-alt-left、ctrl-shift-tab、cmd-{	前のタブに移動する
Core: Close	cmd-w	タブを閉じる
Pane: Reopen Closed Item	shift-cmd-t	直前に閉じたタブを開く

■タブを閉じる／閉じたタブを開く——Core: Close、Pane: Reopen Closed Item

タブを閉じる操作は、エディタであるAtomにとってはファイルを閉じる操作にあたります。そのためCore: Closeというコマンド名になっていますが、キーバインドは表3.6のとおりブラウザと同じcmd-wになっています。

またChromiumをベースとしているAtomでは、閉じたタブを開きなおすPane: Reopen Closed Item(shift-cmd-t)というコマンドが用意されています。Atomはプロジェクト単位で閉じたタブの順番を記憶しており、連

注34 これはウィンドウ上部の緑ボタンを押したときと同じ動作になります。

続して実行すると時間をさかのぼってタブを開いていきます。

なお、このコマンドで開かれるタブは設定画面なども含んでおり、純粋なファイルだけに限りません。

ペイン

筆者がウィンドウを分割できるエディタ[注35]をはじめて使ったとき、キーバインドさえも理解していなかった当時の自分にとってウィンドウ分割は、意図しない操作によって分割され簡単に閉じることもできず、頭を悩ませるやっかいなだけの存在でした。

しかし、しくみと操作方法を覚えると、一転してとても力強い味方となる機能であることは間違いなく、今ではエディタになくてはならない機能の一つだと考えています。

タブのあるAtomでは、マウスで最後のタブを閉じると自動的に分割も解除されるため初心者にもやさしい設計になっていますが、ここでしっかりと操作を覚えて、快適に利用できるようにしておきましょう。

■ペインを分割する——Pane: Split Up、Pane: Split Down、Pane: Split Right、Pane: Split Left

まずはペインの分割方法です。**表3.7**のとおり上下左右に分割するコマンドが用意されています。

Pane: Split Upなどのコマンドを使ってペインを分割すると、コマンドを実行していたときフォーカスしていたペインを複製してフォーカスを移動します。もちろん同じファイルなので、編集した内容は両方のペインへと反映されます。

行の折り返しを切り替えるEditor: Toggle Soft Wrapなど一部のコマンドはペインにスコープされているため、同じファイルで異なる表示を行いながら編集することも可能になっています。

注35　xyzzy(亀井哲弥氏作のEmacs風エディタ)でした。
http://xyzzy-022.github.io/

表3.7 ペイン操作一覧

コマンド	キーバインド	説明
Pane: Split Up	cmd-k up	上下に分割して上にフォーカスする
Pane: Split Down	cmd-k down	上下に分割して下にフォーカスする
Pane: Split Left	cmd-k left	左右に分割して左にフォーカスする
Pane: Split Right	cmd-k right	左右に分割して右にフォーカスする
Pane: Close	cmd-k cmd-w	ペインを閉じる
Pane: Close Other Items	cmd-k cmd-alt-w	ペイン内のほかのファイルを閉じる
Window: Focus Next Pane	cmd-k cmd-n	次のペインにフォーカスする
Window: Focus Previous Pane	cmd-k cmd-p	前のペインにフォーカスする
Window: Focus Pane Above	cmd-k cmd-up	上のペインにフォーカスする
Window: Focus Pane Below	cmd-k cmd-down	下のペインにフォーカスする
Window: Focus Pane On Left	cmd-k cmd-left	左のペインにフォーカスする
Window: Focus Pane On Right	cmd-k cmd-right	右のペインにフォーカスする

■ペインを移動する――Window: Focus Pane Above、Window: Focus Pane Below、Window: Focus Pane On Right、Window: Focus Pane On Left

分割したペインのフォーカスを切り替えるには、表3.7にあるWindow: Focus Pane Above（cmd-k cmd-up）やWindow: Focus Next Pane（cmd-k cmd-n）などのコマンドを使います。現在フォーカスしているペインを起点にして、上下左右と前後への移動が用意されています。

上下左右の移動は文字どおりそのまま上下左右に移動し、前後の移動はDOMツリーに登場する順番[注36]に移動します。

■ペインを閉じる――Pane: Close、Pane: Close Other Items

Pane: Close（cmd-k cmd-w）はアクティブなペインを閉じるコマンドです。実行すると、同じペインにタブとして開いているファイルもすべて閉じます。

もし、ペイン内に未保存のファイルがあればダイアログで保存を確認しますが、ほかのペインで開かれているファイルについては実際に閉じるわけではないため確認は行いません。

Pane: Close Other Items（cmd-k alt-cmd-w）はペインの中に複数のタブがある場合に、アクティブなタブ以外を閉じるコマンドです。対象はアクティブなペインのみなので、アクティブではないペインには影響ありません。

注36　分割する順番によってDOMツリーの構造が異なるため、移動する順番も異なります。

3.8 特殊な文字操作

エディタは、キーボードに刻印されている文字を入力する以外にも特殊な入力手段を持っているものです。

普通の文字入力と違って、Atomのみの特殊な操作になるため使い方には知識と経験が必要になりますが、そのぶんとてもパワフルな操作ですのでぜひ覚えていきましょう。

空白文字

コンピュータの世界には空白文字と呼ばれる目に見えない文字があります。定義によってさまざまですが、たとえば正規表現[注37]では「半角スペース」「タブ」「改行」「キャリッジリターン」[注38]そして「フォームフィード」[注39]を総称して空白文字と呼んでいます。

この項では主にスペースとタブを扱っています。なおAtomでは全角スペースは空白文字として扱いません。そのため、本書でスペースと呼ぶものはすべて半角スペースとし、全角スペースは含まないこととします。全角スペースを対象する場合は必ず「全角」を付けて呼称します。

■末尾空白文字を削除する――Whitespace: Remove Trailing Whitespace

末尾空白文字(以下末尾空白)とは、行末に入力された(取り残された)スペースのことです。空白文字は人間には見えないため、意図せず入力されたスペースが取り残されてしまう場合があります。プログラムコードにとって意味をなさない末尾空白はゴミのようなものであることから、末尾空白を残したままのコミットは嫌われる行為です。

注37 正規表現は単純なようで、一つのプログラミング言語と言われるくらい奥深い技術です。詳しく知りたい方は次のような書籍などで学習するとよいでしょう。
- 新屋良磨、鈴木勇介、高田謙著『正規表現技術入門』技術評論社、2015年
- Jeffrey E.F. Friedl著/株式会社ロングテール、長尾高弘訳『詳説 正規表現 第3版』オライリー・ジャパン、2008年

注38 復帰を意味します。詳しくは「改行コード - Wikipedia」を参考にしてください。
http://ja.wikipedia.org/wiki/改行コード

注39 改ページを意味します。

第4章で空白文字を可視化する設定を紹介しており、この機能を利用すると意図しない空白文字の入力を認識できるようになりますが、Atomには標準でバッファ全体の末尾空白を一括削除するコマンドが用意されています。それがWhitespace: Remove Trailing Whitespaceです。

実はこのコマンド、すでにAtomを実際に使っている人は知らないうちに実行しています。このコマンドを提供しているコアパッケージ「whitespace」は、ファイル保存時にこのコマンドを自動実行する設定を用意しており、それが標準で有効となっているためです。

つまり、この設定が不要な場合はパッケージ設定から無効にする必要があります。無効にすると、自分でこのコマンドを実行しない限りは実行されないようになります。

■スペースとタブを相互変換する――Whitespace: Convert Spaces To Tabs、Whitespace: Convert Tabs To Space

タブをスペースに、スペースをタブに変換したくなることがあるかもしれません。whitespaceパッケージには、そのためのコマンドも用意されています。

Whitespace: Convert Spaces To TabsとWhitespace: Convert Tabs To Spaceは実行すると、それぞれバッファ全体のスペースをタブに、タブをスペースに変換します。

なお、コマンドを実行するとすべてのスペースがタブに変換されるわけでありません。このコマンドは第4章で詳しく解説するエディタ設定にある、Atomのタブ幅を決める「Tab Length」の値を基準にして相互変換を行います。

つまり、設定値の数だけ連続したスペースを1つのタブに変換し、すべてのタブを設定値の数だけ連続したスペースに変換してくれます[注40]。ということは、設定値を下回る連続したスペースは無視されるという意味でもあります。

範囲選択をしていてもバッファ全体に対して実行されるため、選択範囲のみに実行したい場合は、実行したい箇所を新規バッファにコピーして実行するか、もしくは通常の置換コマンドを利用して実現することになります。

注40　設定値が2であれば、2つのスペースを1つのタブに、1つのタブを2つのスペースに変換します。

Bracket Matcherによる括弧の操作

Bracket Matcherは、Atomのコアパッケージ「bracket-matcher」が提供する機能です。その名のとおり、ハイライトや自動挿入など括弧の整合に関するさまざまな機能を提供してくれています。

ここでは、括弧に関連するさまざまな操作を扱います。なお、bracket-matcherが括弧とみなすのは半角の「()、[]、{}」で、全角括弧には対応していません。また一部のコマンドはHTML/XMLタグも括弧とみなします。

■括弧内を選択する——Bracket Matcher: Select Inside Brackets

プログラムを書いているとき、括弧の中のみを選択したくなる場合があります。そんなとき、Bracket Matcher: Select Inside Brackets（ctrl-cmd-m）を利用すると、簡単に括弧内を選択できます。

このコマンドは実行すると、現在カーソル位置がどの括弧の内部にいるのかを調べて、開き括弧と閉じ括弧の間をすべて選択します。このコマンドはHTML/XMLタグも括弧としてみなして動作します。カーソル位置が括弧の内部ではない場合は何もしません。

■対応する括弧／開き括弧へ移動する——Bracket Matcher: Go To Matching Bracket、Bracket Matcher: Go To Enclosing Bracket

Bracket Matcher: Go To Matching Bracket（ctrl-m）は、対応する括弧へと移動するコマンドです。Bracket Matcher: Select Inside Bracketsと同様に、括弧を調べて開き括弧へとカーソルを移動します。

括弧内部ではなく括弧の上でこのコマンドを実行した場合は、対応する逆の括弧へと移動します。つまり、開き括弧にカーソルがある場合は閉じ括弧へ、閉じ括弧の場合は開き括弧へと移動します。

Bracket Matcher: Go To Enclosing Bracketの「Enclosing」は「囲む」を意味する動詞「Enclose」の現在分詞なので「囲んでいる」という意味です。Atomではこのコマンドを実行すると、カーソル位置から直近の開き括弧を見つけてカーソルを移動します。

こちらのコマンドの移動先は開き括弧のみで、括弧にカーソルがある場合は何もしません。

■対応する括弧を削除する――Bracket Matcher: Remove Matching Brackets

Bracket Matcher: Remove Matching Brackets（ctrl-backspace）は、通常カーソルの左の1文字を削除するバックスペースと同じようにして括弧を削除すると、削除した括弧と対になっている括弧も同時に削除します。

開き／閉じのどちらの括弧を削除しても、その対となる括弧が削除されるようになっています。HTML/XMLタグには対応していません。

■タグを閉じる――Bracket Matcher: Close Tag

Bracket Matcher: Close Tag（alt-cmd-.）はHTML/XMLタグを閉じるコマンドです。実行すると、カーソル位置の直近の開きタグを調べて、閉じタグを挿入します。

こちらのコマンドは編集中のシンタックスがHTML/XML以外でも常に実行できるようになっています。そのため、JavaScriptやMarkdownなどHTMLではないファイルを編集しているときでも利用できます。

スニペット

「断片」を意味するスニペットはエディタでは一般的にコードスニペットと呼ばれる機能のことを指し、Atomではコアパッケージ「snippets」によって標準で提供されています。

まだご存じない方のために簡単にスニペットについて説明すると、IM（*Input Method*）で単語を辞書に登録するように、頻繁に利用されるコードブロックを登録して自由に呼び出せるようにする機能です。エディタによっては単に呼び出すだけではなく、編集が必要な箇所にカーソルをジャンプする機能も備えており、Atomも適切な位置へカーソルをジャンプするしくみを持っています。

使い方を覚えるとタイプ数を劇的に節約できるようになるので、ぜひ試してみてください。

■スニペットを挿入する――Snippets: Available、Snippets: Expand

スニペットの使い方は主に2通りあります。1つ目は、Snippets: Available（alt-shift-s）コマンドを実行してコマンドパレットUIに表示されるスニペット一覧から挿入したいスニペットを選択する方法です。**図3.21**はRubyでSnippets: Availableを実行して「def」と入力した状態です。

挿入したいスニペットを選択してenterを入力すると、カーソル位置にスニペットが挿入されます。

図3.21 Snippets: Availableで表示されるコマンドパレットUI

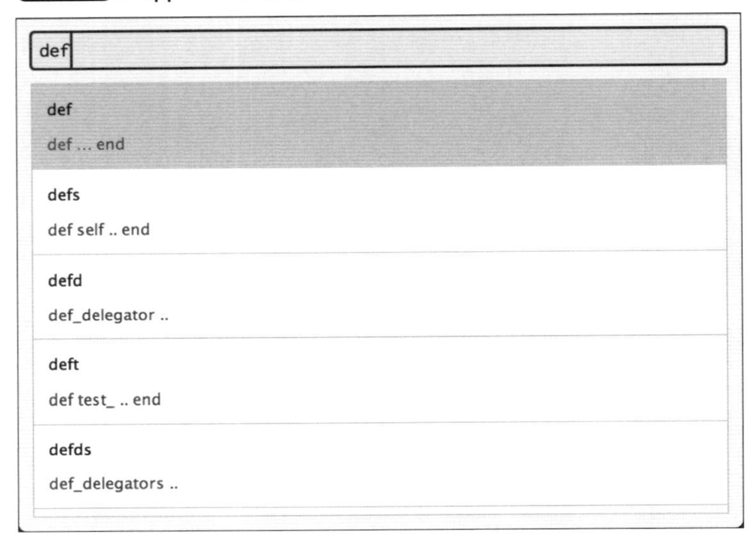

2つ目は、スニペットのトリガとなる文字列を入力してSnippets: Expand(tab)を実行する方法です。**図3.22**では「def」と入力してSnippets: Expandを実行してスニペットが挿入されています。

図3.22 トリガからスニペットを挿入する

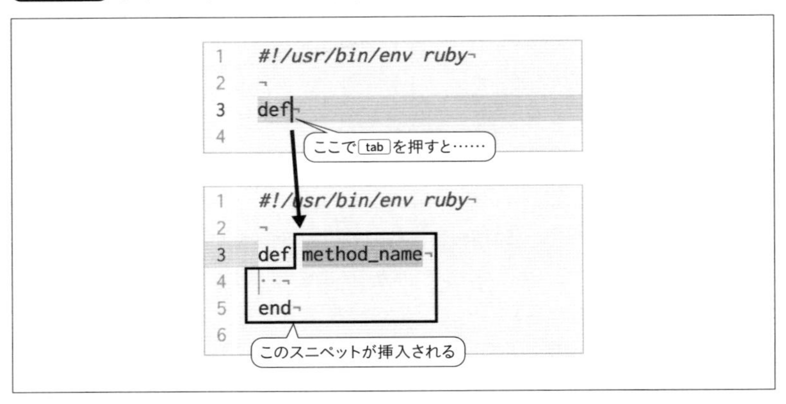

スニペットはシンタックスごとに登録されており、設定画面からシンタックスパッケージの設定を開くことで確認できます。頻繁に利用するスニペットはトリガ(Trigger)を記憶しておき、後者のSnippets: Expandから挿入するほうがよりすばやく挿入できるでしょう。

スニペットはもちろん自分で登録することも可能です。確認方法や登録方法については第7章で詳しく解説しています。

スニペットの中を移動する
――Snippets: Next Tab Stop、Snippets: Previous Tab Stop

Atomのスニペットは単にコードブロックを挿入するだけではありません。入力フォームをタブで移動するように、指定された位置(タブストップと呼ばれます)にカーソルを移動できるしくみが用意されています。

先ほどの図3.22でスニペットを挿入したあと、続けてメソッド名を入力してからSnippets: Next Tab Stop(tab)を実行すると、**図3.23**のようにカーソルが自動的にブロックのボディへと移動します。

図3.23 スニペットの中を移動する

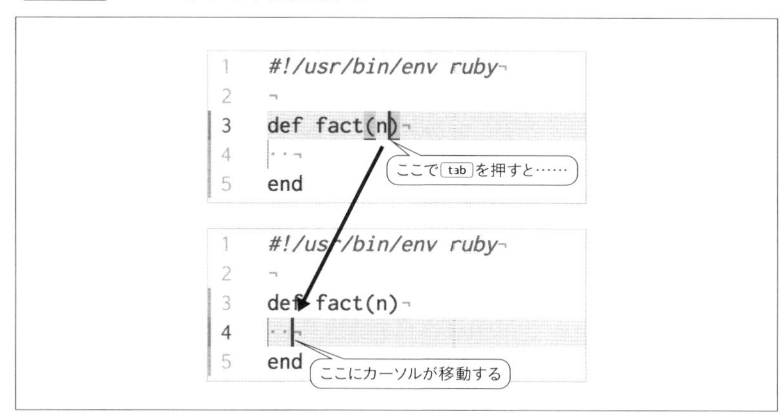

これは、スニペットの定義の中にカーソルの移動先となるタブストップを指定するしくみが備わっており、適切なタブストップが指定してあるスニペットで利用できます。

入力フォームと同様に、1つ上のタブストップへ戻るSnippets: Previous Tab Stop(shift-tab)というコマンドも用意されています。

なお、タブストップ間の移動は、一度スニペットを抜けるとそのスニペットでは使えなくなります。

自動補完——Autocomplete Plus: Activate

自動補完も、スニペットと同様に自動的に挿入を行う種類の操作です。

入力中の文字列から補完候補を自動的に検索し、マッチする文字列を見つけるとサジェストを表示してくれる強力な補完機能がAtomには標準で備わっています。文字入力の効率化はもちろん、タイプミスも大幅に減らすことができます。

表示された候補は、enterもしくはtabで確定し、キャンセルはescで可能となっています。

テキスト入力途中でなくても、Autocomplete Plus: Activate (ctrl-space)コマンドを実行すると、任意のタイミングで補完候補を表示させることができます。

図3.24は補完実行前です。カーソルは83行目の「atom」の右位置にあります。

図3.24 Autocomplete Plus: Activate実行前

```
76  ## Building
77
78  * [Linux](docs/build-instructions/linux.md)
79  * [OS X](docs/build-instructions/os-x.md)
80  * [FreeBSD](docs/build-instructions/freebsd.md)
81  * [Windows](docs/build-instructions/windows.md)
82
83  atom is
```

この状態でAutocomplete Plus: Activateを実行すると、**図3.25**のようにカーソル位置に補完候補が表示されます。

補完できる言語は標準でバッファ内の単語以外にも、HTML、CSS、スニペットに対応しています。

日本語は補完されませんが、スペース区切りがなくても全角文字が区切り文字として扱われるため**図3.26**のように空白で区切らずとも補完が効くので、プログラムをはじめとするアルファベットをメインに入力する筆者としては望ましい仕様となっています。

図3.25 Autocomplete Plus: Activate実行後

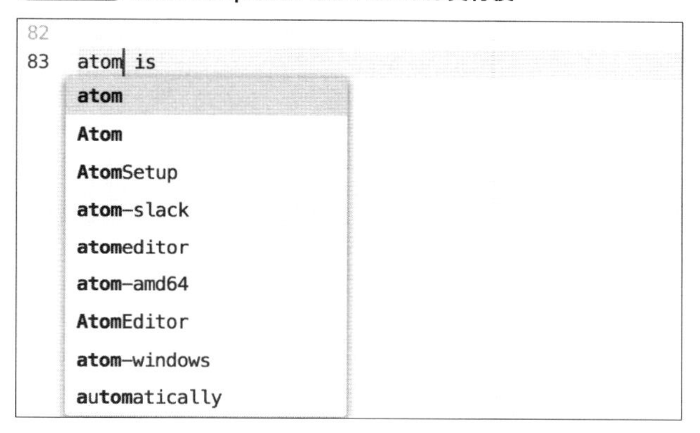

図3.26 日本語混じりの文章での自動補完

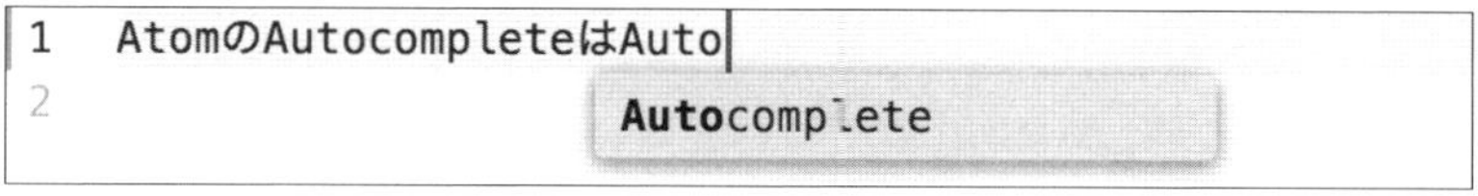

1 AtomのAutocompleteはAuto
2
Autocomplete

マルチカーソル——Editor: Add Selection Above、Editor: Add Selection Below

マルチカーソルは、エディタ上のカーソルの数を増やして同時編集を可能にする機能です。

もちろん、複数のカーソルを操作しているときもほかのコマンドが実行できますので、Atomの持つさまざまな機能を組み合わせることでさまざまなことが行える無限の可能性を秘めた操作だと言えます。

カーソルを増やすには、キーボードとマウスの2種類があります。まずマウスからですが、cmdを押しながら編集中のエディタをクリックします。すると、クリックした場所に対してカーソルを増やすことができます。

次にキーボードからですが、Editor: Add Selection Above(ctrl-shift-up)とEditor: Add Selection Below(ctrl-shift-down)があり、実行すると上下の行にカーソルを追加できます。増やしたカーソルを1つに戻すには、Editor: Consolidate Selections(esc)か、cmdを離した状態でどこかをクリックします。

わかりにくいと思いますので、実際の操作を見ていきましょう。**図3.27**は次の手順で操作した場合です。

図3.27 マルチカーソルによる操作例

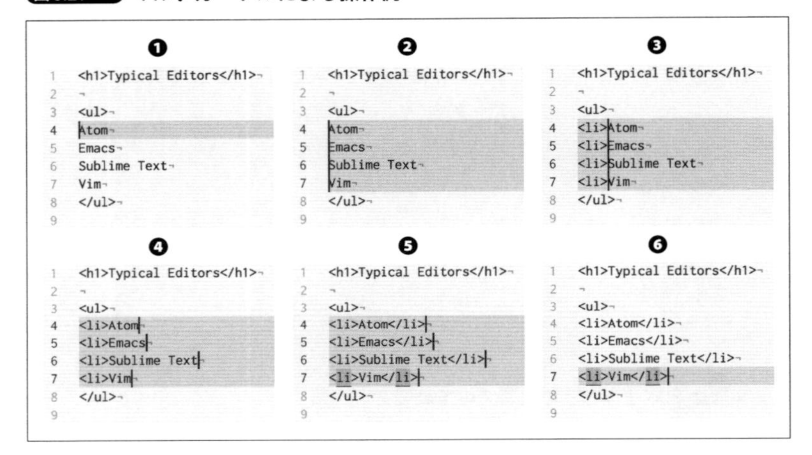

❶4行目の行頭にカーソルを置く

❷ctrl-shift-down[注41] を3回実行する

❸<li>を入力する

❹ctrl-e[注42] を実行して行末へ移動する

❺alt-cmd-.[注43] を実行して閉じタグを挿入する

❻esc[注44] を実行してカーソルを戻す

この例では、行末への移動やタグの挿入などの操作を組み合わせることで、複数行のテキストをHTMLタグでマークアップしています。このように各種コマンドを組み合わせることで高度な同時編集が可能になりますので、ぜひいろいろ試してみてください。

注41 Editor: Add Selection Below
注42 Editor: Move To End Of Line
注43 Bracket Matcher: Close Tag
注44 Editor: Consolidate Selections

3.9 表示の変更

本章の最後は、表示に関するコマンドを解説していきます。このうちのいくつかは設定から変更可能ですが、コマンドを利用するとすぐに変更できます。

また、Atomにどのような表示切り替え方法が存在しているかを知ることも大事です。自由に表示を切り替えることで、より効率的な編集ができるようになります。

不可視文字の制御——Window: Toggle Invisible

Atomにおける不可視文字とは、Cr(キャリッジリターン)、Eol(改行)、Space(スペース)、Tab(タブ)を指します。

Window: Toggle Invisibleを実行すると、Atomエディタのすべての不可視文字に設定で指定された文字を割り当て視認できるようにします。

なお、このコマンドを実行すると自動的に設定値も変更されます。より詳しい説明は第4章を確認してください。

折り畳み

折り畳みとは、ツリービューにおけるディレクトリの折り畳みのように編集中のコードを折り畳んで、コード全体を読みやすくする機能です。

折り畳みをかける単位はインデントになっており、一部または全体に対して折り畳みの実行と解除を行うことができます。関連コマンドは**表3.8**

表3.8 折り畳み操作一覧

コマンド	キーバインド	説明
Editor: Fold Current Row	alt-cmd-[	現在行を折り畳む
Editor: Unfold Current Row	alt-cmd-]	現在行の折り畳みを解除する
Editor: Fold All	alt-cmd-shift-[	バッファ全体を折り畳む
Editor: Unfold All	alt-cmd-shift-]、cmd-k cmd-0	バッファ全体の折り畳みを解除する
Editor: Fold At Indent Level 1-9	cmd-k cmd-1から cmd-k cmd-9	バッファ全体をインデントレベルに応じて折り畳む

にまとめましたので、本書を読み進めるうえでの参考にしてください。

■現在行を折り畳む――Editor: Fold Current Row、Editor: Unfold Current Row

Editor: Fold Current Row（alt-cmd-[）はカーソル位置を折り畳むコマンドです。逆に現在行の折り畳みを解除するには、Editor: Unfold Current Row（alt-cmd-]）コマンドを使います。

図3.28はJSONファイルでEditor: Fold Current Rowを実行した場合です。折り畳まれた行は行末に ⋯ アイコンが表示され、ガターにも ❯ アイコンが表示されます。

図3.28 7行目でEditor: Fold Current Rowを実行前（左）と実行後（右）

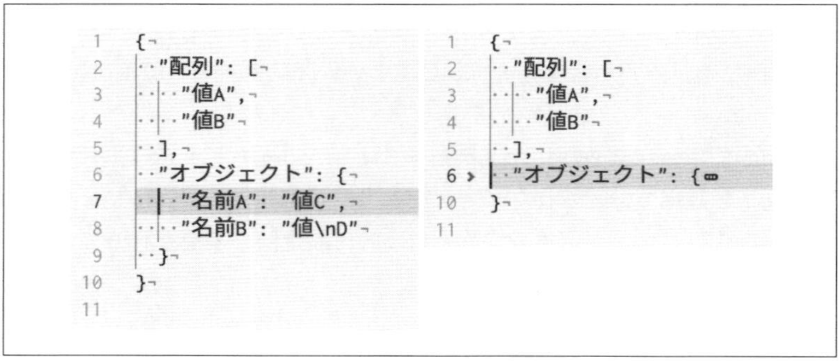

```
1  {¬
2  ··"配列": [¬
3  ····"値A",¬
4  ····"値B"¬
5  ··],¬
6  ··"オブジェクト": {¬
7  ····"名前A": "値C",¬
8  ····"名前B": "値\nD"¬
9  ··}¬
10 }¬
11
```

```
1   {¬
2   ··"配列": [¬
3   ····"値A",¬
4   ····"値B"¬
5   ··],¬
6 › ··"オブジェクト": {⋯
10  }¬
11
```

折り畳みとその解除は、ガターからマウスを使って行うことも可能です。ガターにマウスカーソルをのせると、折り畳み可能な行番号に ⌄ アイコンが表示されますので、これをクリックするとEditor: Fold Current Rowが実行され、❯ アイコンをクリックするとEditor: Unfold Current Rowが実行されるようになっています[注45]。

■全体を折り畳む――Editor: Fold All、Editor: Fold At Indent Level 1-9、Editor: Unfold All

バッファ全体に折り畳みを実行するコマンドは2種類用意されています。

1つ目は、実行できる場所すべてに折り畳みをかけるEditor: Fold All（alt-cmd-shift-[）と、逆にすべての折り畳みを解除するEditor: Unfold

注45　アイコンはhttps://octicons.github.com/で公開されているものを利用しています。

All(alt-cmd-shift-]、cmd-k cmd-0)です。

2つ目は、指定したインデントレベルのみを折り畳むEditor: Fold At Indent Level 1(cmd-k cmd-1)からEditor: Fold At Indent Level 9(cmd-k cmd-9)までのコマンドです。

どちらもバッファ全体へ折り畳みを実行しますが、複数階層のインデントレベルがある場合、前者は再帰的にすべてのインデントレベルに折り畳みを実行するため、トップの折り畳みを解除しても中は折り畳まれた状態のままになっています。対して後者は指定したインデントレベルのみに折り畳みを実行するため、指定したインデントレベル以外は折り畳まれないという違いがあります。

折り畳みはコードリーディングの際、全体を俯瞰(ふかん)し処理の流れが理解しやすくなりますので、ぜひうまく活用してみてください。

文字サイズの変更——Window: Increase Font Size、Window: Decrease Font Size、Window: Reset Font Size

フォントサイズは設定から変更可能になっていますが、コマンドからも変更可能です。

Window: Increase Font Size(cmd-shift-=、cmd-=)とWindow: Decrease Font Size(cmd-shift--、cmd--)は、フォントサイズを上げ下げするコマンドです。

第4章であらためて解説しますが、AtomはCSSのfont-sizeプロパティでフォントサイズを決めています。このコマンドを実行すると、設定で使用するフォントサイズの値が増減します。

変更したフォントサイズは、Window: Reset Font Size(cmd-0)によって標準の値に戻すことができます。

なお、こちらのコマンドによる変更は設定値を書き換えるため、すべてのAtomに適用されます。

行の折り返し表示の変更——Editor: Toggle Soft Wrap

Editor: Toggle Soft Wrapはエディタ画面に収まらない長い行を表示する際、画面端で折り返すかどうかの表示を切り替えるコマンドです。第4章で解説する設定項目から標準の表示形式を切り替えることができますが、Editor: Toggle Soft Wrapコマンドはバッファ内の表示のみを切り替えます。

プログラムコードであれば、折り返しによってインデントが崩れることにより読み間違いなどが起こる可能性があるため折り返しは不必要かもしれませんが、HTMLやMarkdownなど自然言語に近いテキストの場合は全体の文章を確認するためにも折り返しが必要になります。

図3.29は、同じバッファでEditor: Toggle Soft WrapによってSoft Wrapを切り替えた場合の表示です。折り畳み同様に、全体を俯瞰したい場合と実際に編集する場合とでうまく使い分けて利用しましょう。

図3.29 Soft Wrap無効(上)／Soft Wrap有効(下)

```
 1  ![Atom](https://cloud.githubusercontent.com/assets/72919/2874231/3af1
 2  ¬
 3  Atom is a hackable text editor for the 21st century, built on [atom-s
 4  ¬
 5  Visit [atom.io](https://atom.io) to learn more or visit the [Atom for
 6  ¬
 7  Visit [issue #3684](https://github.com/atom/atom/issues/3684) to lear
 8  about the Atom 1.0 roadmap.¬
 9  ¬
10  ## Documentation¬
11  ¬
```

```
 1  ![Atom](https://cloud.githubusercontent.com/assets/72919/2874231/3a
 ·  f1db48-d3dd-11e3-98dc-6066f8bc766f.png)¬
 2  ¬
 3  Atom is a hackable text editor for the 21st century, built on
 ·  [atom-shell](https://github.com/atom/atom-shell), and based on
 ·  everything we love about our favorite editors. We designed it to be
 ·  deeply customizable, but still approachable using the default
 ·  configuration.¬
 4  ¬
 5  Visit [atom.io](https://atom.io) to learn more or visit the [Atom
 ·  forum](https://discuss.atom.io).¬
```

第 4 章

設定とパッケージの導入

4.1 設定ファイルの構成

標準的なAtomの操作方法を覚えた次は、Atomをよりあなたの手に馴染ませるための設定、そしてより便利にしてくれるパッケージについて学んでいきましょう。

Atomの基本的な設定はGUIから行えるようになっていますが、設定の変更は設定ファイルに書き込まれて保存されます。また、より応用的なカスタマイズは直接設定ファイルを編集する必要がありますので、まずはここで簡単に説明しておきます[注1]。

Atomは初回起動時、ホームディレクトリに.atomというディレクトリを作成します。その中身は**表4.1**のようになっています。

表4.1 .atomディレクトリのファイル構成

名前	説明
.apm/	apmが使用するディレクトリ
.gitignore	Gitで管理する際に使用する.gitignoreファイル※
compile-cache/	コンパイルした設定(パッケージのLESSやCoffeeScript)を保存するディレクトリ
packages/	インストールされたパッケージを保存するディレクトリ
storage/	環境情報を保存するディレクトリ
config.cson	設定を保存するファイル
init.coffee	初期化設定ファイル
keymap.cson	キーバインド設定ファイル
snippets.cson	スニペット設定ファイル
styles.less	スタイル設定ファイル

※Gitに無視してほしいファイルをリストにしたものです。

Atomの設定やカスタマイズは、主にこの.atomディレクトリの中にあるファイルを編集して行います。またパッケージによってはこのディレクトリの中に新たなファイルを作成するものもあり、将来的にファイルが増える可能性があります。

注1　詳しくは第7章で解説します。

それぞれの役割

.atomディレクトリに作成される各種ディレクトリやファイルの役割について、重要なファイルやディレクトリのみもう少し詳しく解説します。

config.csonは設定画面によって変更した設定を保存するファイルです。チェックボックスやインプットボックスに値を入力すると入力された内容が書き込まれ、自動的にファイルが更新されます。

init.coffee、keymap.cson、snippets.cson、styles.lessの4つのファイルは、どれも設定画面から行うことができない応用的なカスタマイズを行うためのファイルです。それぞれのファイルを使った設定については第7章で詳しく解説しています。

compile-cacheはAtomで利用しているCoffeeScriptやLESSなどのファイルをコンパイルして、キャッシュとして保管しているディレクトリです。起動の高速化などで使用されます。

storageはプロジェクトとして紐付(ひもづ)けられたAtomウィンドウのさまざまな状態を記録するJSONファイルを保管しているディレクトリです。再起動したAtomがウィンドウやカーソル位置、未保存ファイルの変更状態、ペインの状態、検索履歴など復元するためにこの中のファイルを利用しています。

compile-cache、storageのどちらも現在使用中のAtomの状態を管理するためのファイルが保存されるディレクトリであり、Atomが内部で使用するファイルです。直接編集する機会はおそらくありませんが、それぞれの役割を覚えておくといざというとき役に立つかもしれません。

標準では作成されませんが、パッケージを開発しようとするとdevディレクトリが作成されます。こちらはAtom自体の開発を行うときに使用される設定を保存するためのディレクトリです。中のファイル構成は、設定ファイルの構成と同じ名前を使用します。そして、第3章「起動オプション」(43ページ)で解説した開発モードで起動したとき、同名のファイルが存在する場合はdevの中にあるファイルが優先的に読み込まれるようになっています。

調子が悪いときの対処法

ソフトウェアは、残念ながら完璧ではありません。時にはAtomの調子が悪くなることもあるかもしれません。そういったときの対処法をここで確認しておきましょう。

ⓐリロード(Window: Reload)の実行
ⓑ再起動
ⓒcompile-cacheの削除
ⓓstorageの削除

基本的な対処法は上記のとおりです。ⓐから試してみて、問題が改善しない場合に次の方法へと進んでください。ただし、ⓓを行うとAtomの使用履歴が失われてしまうため、こちらはあくまで最終手段だと考えてください。

なお、インストールしているパッケージが原因で調子が悪い可能性も考えられます。この場合は、コンソールからエラー出力を確認することで、原因となるパッケージが見つかるかもしれません[注2]。エラーを出力しているパッケージが見つかった場合は、該当するパッケージを無効化、もしくはアンインストールしましょう。

パッケージファイルの構成

後に詳しく解説するAtomのパッケージは~/.atom/packagesディレクトリにインストールされます。このパッケージの標準的なファイル構成についても確認しておきましょう。基本的なパッケージは**表4.2**のようなファイル構成になっています。

多くのパッケージがこの命名規則に従って作られているため、もしあなたがパッケージを作りたいと思ったときに似た機能を提供しているパッケージの中身を見ても、悩むことなくすぐに目的のソースコードを確認できます。

注2　コンソールはChrome Developer Toolsから確認できます。第6章で詳しく解説しています。

表4.2 パッケージのファイル構成（「~/.atom/packages/パッケージ名/」の内部）

名前	説明
grammars/	構文解析に利用するファイルを配置するディレクトリ
keymaps/	キーバインドを追加するファイルを配置するディレクトリ
lib/	機能を追加するファイルを配置するディレクトリ
menus/	メニューを追加するファイルを配置するディレクトリ
node_modules/	依存するnodeモジュールがインストールされるディレクトリ
snippets/	スニペットを追加するファイルを配置するディレクトリ
spec/	テストを行うためのファイルを配置するディレクトリ
styles/	スタイルを追加するファイルを配置するディレクトリ
CHANGELOG.md	チェンジログファイル
LICENSE.md	ライセンスファイル
package.json	パッケージ情報が記述されたファイル
README.md	READMEファイル

4.2 設定ファイルの管理

設定ファイルの構成とその役割を確認した次は、重要な資産となる設定ファイルの適切な管理について考えます。

筆者がコンピュータに触れはじめた2003年当時を思い返すと、ソフトウェアの設定の管理とバックアップは、手動コピーとほかの記憶メディアへのコピーが基本でした。そのため、変更がわからなくなってしまったり、バックアップが漏れてしまっていたり、記録メディアの故障や紛失などによって失ってしまったりなど、さまざまな問題を抱えていました。

しかし、本書を執筆している2016年現在では、Gitのような誰でも手軽に使える分散型VCSや、GitHubやBitbucketのような無料で使えるリポジトリホスティングサービスなどがあります。そのため、これらをうまく活用することで、当時のような悲しみを減らすことが可能になりました。

完璧なバックアップは難しいかもしれませんが、まだバックアップや管理をしていない方はぜひ本書を参考にして適切な管理をしてください。

Gitによる管理

AtomではGitを利用した設定ファイルの管理が行えます[注3]。もちろん必ずGitを利用しなければならない理由はありませんので、お好きなVCSを利用してください。

Gitで管理してGitHubへpushしておけば、Atomの設定ファイルをバックアップできます。ただし、APIキーなどを設定ファイルで管理するパッケージを利用している場合は、公開しないよう気を付けましょう。

なお、.node-gyp、.npm、compile-cache、storage、devディレクトリが.gitignoreファイルに記述されている理由は、まずdevはAtom自体の開発を行うときに使用される設定を保存するためのディレクトリなので、開発段階のAtomパッケージが意図せずコミットされるようなミスを防ぐためです。それ以外は、Atomが動作中に利用しており常にファイル内容が変更されるため、それぞれ無視するように指定されています。

まず、一般的なGitによる.atomの管理を解説します。.atomディレクトリが作成されている状態で、次のコマンドを実行します。

```
$ cd ~/.atom
$ git init
$ git add .
$ git commit -m "Initial commit"
```

これで、Gitによる.atomディレクトリの管理が開始されます。設定画面からAtomの設定を変更するとconfig.csonファイルが変更されるので、適切なコミットログを書いてコミットします。

```
$ git add config.cson
$ git commit -m "Disable Audio Beep"
```

なお、直接ファイルを編集する以外に自動的に.atom内のファイルが変更されるタイミングは、設定画面から変更を行ったときと、パッケージをインストール／アンインストール／アップデートしたときです。これらの変更を行った際に適切なコミットを心がけておくと、きれいなバージョン管理ができるでしょう。

注3　.atomディレクトリに.gitignoreファイルを標準で配置しています。

バックアップ

バックアップの手段はいくつかの方法が考えられますが、まずは複数の場所へバックアップを取るのが基本と言えるでしょう。

Gitを使って設定ファイルを管理していれば、簡単に複数のホスティングサービスにバックアップを取ることが可能です。

たとえば、次のようにして複数のリモートリポジトリを登録することで、GitHub[注4]、Bitbucket[注5]、そしてGitLab[注6]の3つのサービスに対して同時にpushできます[注7]。

```
$ git config --add remote.all.url git@github.com:<ユーザー名>/.atom.git
$ git config --add remote.all.url git@bitbucket.org:<ユーザー名>/.atom.git
$ git config --add remote.all.url git@gitlab.com:<ユーザー名>/.atom.git
$ git push all master
```

なお、執筆時点のプライベートリポジトリの作成は、GitHubは有料オプション、それ以外のサービスは無料となっています[注8]。

4.3 設定画面

Atomでは設定画面から基本的な設定を行うことができます。起動したばかりのAtomはとてもシンプルな表示をしています。しかしエディタとして後発であるAtomは、ほかのエディタで便利だと言われている機能を標準で提供しているため、設定を少し変更するだけでとてもモダンな表示に生まれ変わります。

注4　https://github.com/

注5　https://bitbucket.org/

注6　https://about.gitlab.com/

注7　それぞれのサービスにユーザー登録したうえで、SSH Keyを登録済みの場合のコマンドです。

注8　Bitbucketは無料で利用する場合、プライベートリポジトリを共有するユーザー数に制限があります。

画面構成

まずは設定画面の構成を確認してみましょう。Atomメニューの「Preferences...」(cmd-,)を開くと、**図4.1**のような、まるでWebフォームのような設定画面が開きます。

図4.1 設定画面

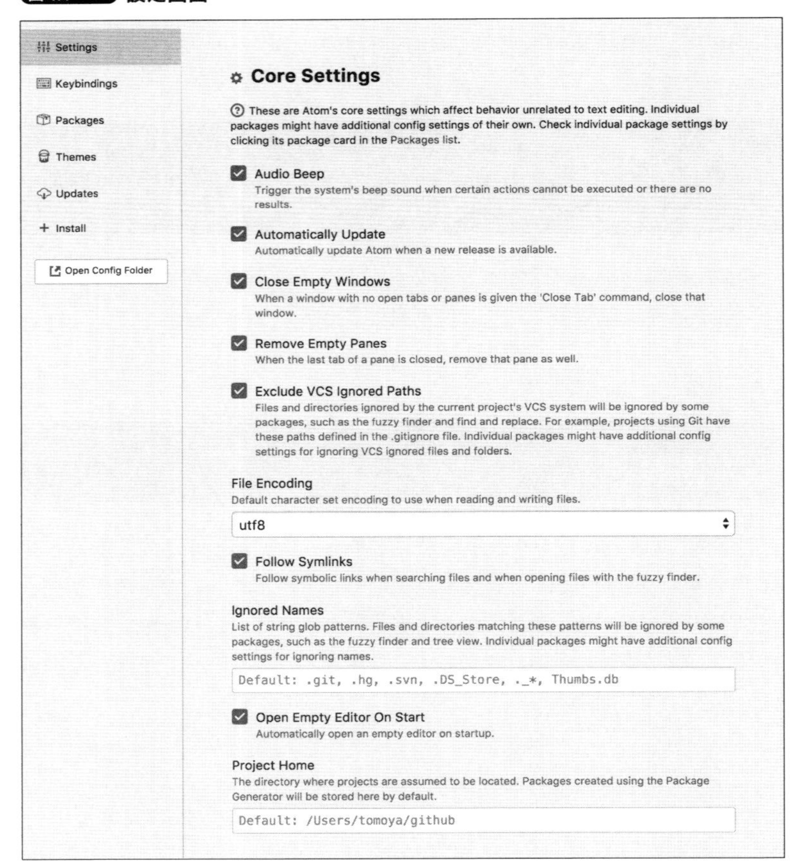

設定画面ではエディタの設定以外にも、左のメニューから画面を切り替えることで、キーバインドの確認、テーマやパッケージの管理などを行うことができます。

設定の保存と反映

設定の保存と変更についてはすでに少し触れていますが、ここであらためて確認しておきます。

保存ボタンが存在しないことからもわかるように、設定画面から変更した項目は即座にconfig.csonファイルに書き込まれて保存されます。

どのように設定ファイルが変化していくのか確認したい場合は、ペインの分割機能を利用して**図4.2**のように設定画面とconfig.csonファイルを並べた状態で設定を変更してみましょう。設定ファイルがリアルタイムに更新されるさまを実際に見ることができます。

図4.2 設定画面とconfig.csonを並べたウィンドウ

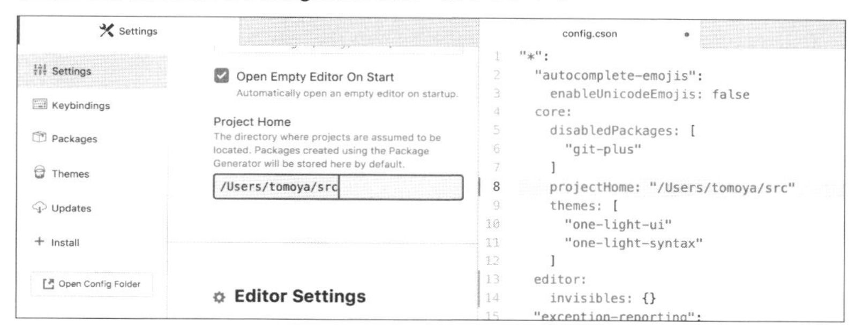

反映のタイミングももちろんリアルタイムです。複数のウィンドウを開いていたとしても、すべてのAtomウィンドウへ設定が反映されます。非同期処理を得意とするAtomならではの動作と言えるでしょう。

4.4 基本的な設定

ここからは、Atomの基本的な設定について解説していきます。Atomの基本設定は左メニューの「Settings」から行えます。

「Settings」からは、Atom本体の基本設定である「Core Settings」(以下コア設定)と、Atomの編集機能に関する設定である「Editor Settings」(以下エディタ設定)という、Atom全体に適用される共通設定を行うことができます。

コア設定

まずコア設定について説明していきます。コア設定は項目が少なくほとんどの人にとって変更する必要がないため、特に悩むことはないかと思います。

- **Allow Pending Pane Items**
  ツリービューからシングルクリックでファイルを開くとプレビューする。初期値は有効
- **Audio Beep**
  音声警告を行う。初期値は有効
- **Automatically Update**
  Atomを自動アップデートする。初期値は有効
- **Close Empty Windows**
  タブとペインが一つも存在しないときTabs: Close Tabでウィンドウを閉じる。初期値は有効
- **Remove Empty Panes**
  最後のタブを閉じたとき、そのペインも同時に閉じる。初期値は有効
- **Exclude VCS Ignored Paths**
  .gitignoreファイルに含まれるファイルパスを検索[注9]から排除する。初期値は有効
- **File Encoding**
  標準で利用される文字コード。初期値はutf8
- **Follow symlinks**
  シンボリックリンクもFuzzy Finderの検索対象とする。初期値は有効
- **Ignored Names**
  Atomのすべての検索から除外されるファイル名。初期値は.git、.hg、.svn、.DS_Store、._*、Thumbs.db
- **Open Empty Editor On Start**
  履歴のないAtomの起動時にuntitledバッファを開く。初期値は有効
- **Project Home**
  Atomパッケージを新規作成する際のプロジェクトルート。初期値は/Users/<ユーザー名>/github

「Allow Pending Pane Items」の動作がわかりにくいかもれないので詳しく説明すると、この設定が有効になっているとき、まだAtomで開いていな

注9　「Project Find」や「Fuzzy Finder」など、さまざまなパッケージがこの設定を利用しています。

いファイルをシングルクリックで開くと、プレビュー状態でAtomで開かれることになります。プレビュー状態では、タブに表示されるファイル名がイタリック書体で表示されます。このとき、別のファイルを同じくシングルクリックで開くと、最初に開いたファイルが自動的に閉じられ、あとにクリックしたファイルのみが表示されます(もちろん、このファイルもプレビュー状態になっています)。これがプレビューの動作です。無効にした場合は、クリックしたファイルの数だけファイルが開き、タブが増えていきます。

プレビュー状態のファイルは、編集を行った瞬間にプレビューが解除されます。タブに表示されているファイル名は通常の書体になり、ほかのファイルをクリックしても閉じられることはありません。なお、Fuzzy Finderやツリービューをダブルクリックして開いたファイルは、プレビュー状態は適用されません。もし、編集せずにプレビュー状態で開いたファイルをとどめておきたい場合は、開いた直後に`Core: Save`(`cmd-s`)を実行して保存するとよいでしょう。

筆者の設定例を参考として挙げると、「Project Home」を/Users/tomoya/src/github.com/tomoyaにしています。理由は、ghq[注10]を利用したリポジトリ管理を行っているためです。

エディタ設定

次に、エディタ設定について解説していきます。こちらは、おそらく好みに合わせて設定が必要となるかと思いますので、より詳細に解説していきます。

なお、解説するにあたり理解しやすいよう、一部をジャンル別に並べ替えています。そのため、登場順と異なりますのでご注意ください。

また、エディタ設定の一部は、シンタックスパッケージごとに個別の設定が可能です。これにより、特定の言語のみインデント幅を変えるといった柔軟な設定が行えます。ここでは標準動作を設定していると考えてください。

■インデント

インデントには次の設定項目があります。

注10　https://github.com/motemen/ghq

- **Auto Indent**
  新たな行を挿入する際に自動的にインデントする。初期値は有効
- **Auto Indent On Paste**
  ペースト時にインデントを再度行う。初期値は有効

この2つの設定はどちらも初期値で有効となっていますが、挙動を確認して好みに応じて切り替えるとよいでしょう。

■フォントと行間

フォントと行間には次の設定項目があります。

- **Font Family**
  フォントファミリの設定。指定がなければ、日本語はヒラギノ角ゴProN、英数はMonacoが使用される
- **Font Size**
  フォントサイズの設定。初期値は14ピクセル
- **Line Height**
  行間の設定。初期値は1.5

CSSを書いたことのある人は想像がつくと思いますが、font-family、font-size、line-heightのプロパティに指定される値となっています。ボックスに入力した値は即座に画面へと反映されるため、パネルを分割してから設定を変えて確認するとよいでしょう。

■禁則処理

禁則処理には次の設定項目があります。

- **Non Word Characters**
  非単語構成文字。初期値は、/\()"':,.;<>~!@#$%^&*|+=[]{}`?-…

Atomでは禁則処理[注11]で使用する非単語構成文字を任意に設定できます。執筆現在は、日本語など全角文字(たとえば、「」『』【】など)は設定できなくなっています。

注11　行頭や行末などにあってはならない約物を定めて、折り返しや字詰めなどを調整することです。

スクロール

スクロールには次の設定項目があります。

- **Scroll Past End**
  バッファ終端以降もスクロール可能にする。初期値は無効
- **Scroll Sensitivity**
  スクロール感度(量や速度)を調整する。初期値は40

「Scroll Past End」は初期値では無効ですが、有効にするとバッファ終端以降もスクロール可能(つまり表示される)となります。好みに応じて使い分けるとよいでしょう。

「Scroll Sensitivity」は、スクロールの感度を調整します。初期値は40に設定されており、倍の80にすれば2倍の速度になり、20にすれば2分の1の速度でスクロールするようになると考えてください。

ガイドや不可視文字の表示

ガイドや不可視文字の表示には次の設定項目があります。

- **Preferred Line Length**
  1行の目安文字数。初期値は80文字
- **Show Indent Guide**
  インデントガイドを表示する。初期値は無効
- **Show Invisibles**
  不可視文字を表示する。初期値は無効
- **Invisibles Cr／Eol／Space／Tab**
  不可視文字の表示に使用する文字列。初期値はそれぞれ、¤、¬、·、»
- **Show Line Numbers**
  行番号を表示する。初期値は有効
- **Soft Tabs**
  自動判別ができないときにソフトタブ[注12]を利用する。初期値は有効
- **Tab Length**
  タブの文字数。初期値は2文字

注12　スペースをソフトタブ、タブ文字をハードタブとして区別しています。

- **Tab Type**
  tabを入力したときに挿入されるインデントの種類。softはスペース、hardはタブ文字、autoは自動判別される。初期値はauto

「Preferred Line Length」に目安とする文字数を指定すると、行の折り返し目安となるラップガイドの位置を調整できます。また、`Autoflow: Reflow Selection`という選択行もしくは現在行の文字数を調整するコマンド[注13]があり、こちらの文字数にもこの値が使われます。ただし、Atomでは全角文字も1文字として扱うため、全角文字を含む行の場合は注意が必要になります。

「Show Indent Guide」はコードのインデントが正しくそろっているか、何段目の深さに位置しているかを確認できるガイド線を表示する設定で、標準では無効となっています。

「Show Invisibles」は、半角スペース、タブ文字、改行文字を記号で表示する設定です。当然ですが表示される記号はファイルには保存されません。

「Show Line Numbers」はバッファの左に行番号を表示してくれる設定で、標準で有効となっています。行番号はただ番号を表示するだけでなく、git-diffというコアパッケージと連携して、最新コミットとの差分を視覚的に表示する機能も備えています。なお、行番号をクリックすることで、その行を選択できるようになっています。

「Soft Tabs」は後述する「Tab Type」がautoであり、かつ自動判別に失敗した場合にインデントで使用するタブをハードタブかソフトタブのどちらを使うか設定する項目です。Atomではソフトタブが標準になっています。

「Tab Length」はインデントに使用するスペースの数(タブ幅)を設定します。初期値は2(いわゆる2スペ)となっており、規約に応じて変更できます。

「Tab Type」は`tab`を入力したときに挿入されるインデントの種類を設定します。autoの場合、ファイルを開いたときに、最初に登場するコメント以外の空白文字の種類を見て、挿入するべきインデントの判別を行います。この設定は「Soft Tabs」の設定よりも優先されるため、autoを選択した場合は、「Soft Tabs」の設定とは異なるタブを使用しているファイルを編集することがあっても、意識することなくそろえることが可能となっています。

こういった、近年開発者にとって人気のあるエディタ機能がAtomでは標準で搭載されており、利用者が急増している理由の一つとなっています。

注13　空白文字で自動的に折り返します。空白文字がなければ折り返しません。

また、それらが不要だという方のために、無効にできるオプションを用意してくれています。

■折り返し

行の折り返しには次の設定項目があります。

- **Soft Wrap**
  画面端で折り返す。初期値は無効
- **Soft Wrap At Preferred Line Length**
  Preferred Line Lengthで指定した位置で折り返す。初期値は無効
- **Soft Wrap Hanging Indent**
  折り返した行に付けるインデント幅を指定する。初期値は0

「Soft Wrap」とは、いわゆる「画面端で折り返す」という意味であり、その逆は「改行で折り返す」です。一般的な文書は1行が長いことが多く折り返して表示したほうが読みやすいのですが、コードの場合は長い行を好まない文化があるのと、折り返すと逆に読みにくくなることから、画面端では折り返さない表示が好まれます。

初期値では無効になっているため画面端では折り返しませんが、使用者の利用環境に応じて標準の動作を変更できるようになっています。なお、この折り返し表示については、`Editor: Toggle Soft Wrap`コマンドによって編集時の状況に応じて自由に切り替え可能となっています（設定値は変更されません）。

「Soft Wrap At Preferred Line Length」は、折り返し位置を画面端ではなく、「Preferred Line Length」で指定した位置で折り返すようにする設定であり、「Soft Wrap」が有効なときのみに機能します。この設定では全角半角関係なく、画面に表示されているラップガイドで折り返します。

「Soft Wrap Hanging Indent」は、Soft Wrapが有効なときに折り返した行をインデントして表示する設定です。指定された数値の数だけインデントします。

■アンドゥの制御

アンドゥの制御には次の設定項目があります。

- **Undo Grouping Interval**
  アンドゥをひとまとめにする間隔。初期値は300ミリ秒

Atomのアンドゥは1文字ずつ(入力ごと)に戻すのではなく、時間をさかのぼって戻すしくみになっています。どういう意味かと言うと、「Undo Grouping Interval」で設定された秒間隔で入力を記憶し、アンドゥを実行した際はその秒間隔で前の入力状態へと戻すしくみになっているのです。

そのため、実際にAtomを使ってみて、もっと細かくアンドゥしてほしいと感じるのであればこちらの設定数値を小さくすることで対応できるようになっています。

■その他

最後に上記の分類に当てはまらず、まだ紹介していない設定項目について説明します。

- **Confirm Checkout HEAD Revision**
  HEADリビジョンをチェックアウトする際に確認する。初期値は有効
- **Use Shadow DOM**
  Shadow DOMを利用する。初期値は有効
- **Zoom Font When Ctrl Scrolling**
  スクロールによるフォントサイズの拡大縮小を可能にする。初期値は無効

「Confirm Checkout HEAD Revision」は、`Editor: Checkout Head Revision`(`cmd-alt-z`)という、編集中のファイルを現在ブランチのHEADリビジョンにチェックアウトするコマンドを実行した際、確認するかを決める設定です。このオプションを無効にすると、確認なしにバッファの内容を破棄してHEADリビジョンの状態へ書き換えます。VCSの挙動を正しく理解している人向けのオプションと言えるでしょう。

「Use Shadow DOM」は、Atomの内部動作を変更する設定です。Atomは活発な開発が行われているため、ドラスティックな変更が加えられた場合にこのような後方互換性を確保するためオプションを用意してくれています[注14]。将来的に設定そのものが消滅する可能性が考えられるため、問題

注14 Shadow DOMは途中から導入されたしくみなので、非対応のパッケージやテーマでは表示が崩れる可能性がありました。

がない限り変更しないほうが望ましいでしょう。

「Zoom Font When Ctrl Scrolling」は、ctrlを押しながらスクロールすることでフォントサイズを変更できるようにする設定です。なお、OS Xのズーム機能を利用している場合そちらが優先されます。

4.5 詳細な設定

ここまでAtomの基本的な設定について解説してきましたが、ここからはより詳細な設定について解説していきます。

言語固有の設定

エディタ設定の中には、言語ごとに異なる設定をしたい場合があります。たとえば、次のような設定が考えられるでしょう。

- **Markdownでは標準でSoft Wrapを有効にしたい**
- **標準のインデントは2スペだが、Pythonは4スペにしたい**

Atomを使い始めるとわかるのですが、実は先ほどのエディタ設定の設定値と関係なく、これらの言語の編集時にはこの2つの設定がすでに適用されています。これは、Atomは言語別に設定値を上書きするしくみを持っており、特定言語のシンタックスパッケージはこのしくみを利用してパッケージごとの標準設定値を用意しているためです。このしくみを言語固有の設定(Language-specific Settings)と言います[注15]。

言語固有の設定を確認し変更するための画面を開くには、のちほど「パッケージ固有の設定」(122ページ)で解説するパッケージ一覧の画面から「Settings」ボタン、もしくは**図4.3**のパッケージ名やGitHubアカウント名[注16]以外の場所をクリックします。

注15　言語選択のしくみについては、第6章「シンタックスが適用されるしくみ」(189ページ)で詳しく解説しています。

注16　ほとんどは開発者個人のアカウント名ですが、組織アカウントで管理されているパッケージの場合は組織名になります。

図4.3 パッケージ一覧の画面

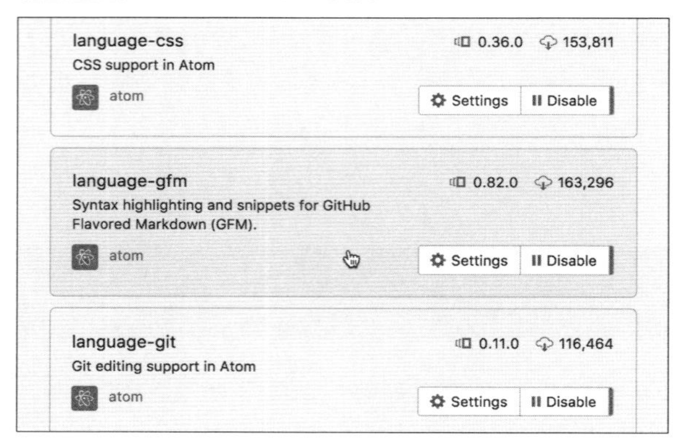

すると**図4.4**のような言語固有の設定画面が開きますので、こちらから設定の確認と変更が行えるようになっています。

設定ファイルの中身

Atomの設定はconfig.csonファイルに保存されます。このファイルを開いてみると、次のような内容になっています。

```
"*": ←スコープ
  "exception-reporting": ←名前空間
    userId: "9a4c35ce-9cf7-0aef-37e1-8bb034ffa600"
  welcome: ←名前空間
    showOnStartup: false
  core: ←名前空間
    themes: [
      "one-light-ui"
      "one-light-syntax"
    ]
    followSymlinks: true
  editor: ←名前空間
    invisibles: {}
    autoIndentOnPaste: false
    scrollPastEnd: true
    showInvisibles: true
    showIndentGuide: true
".gfm.source": ←スコープ
  editor: ←名前空間
    softWrap: true
```

図4.4 language-gfmの設定画面

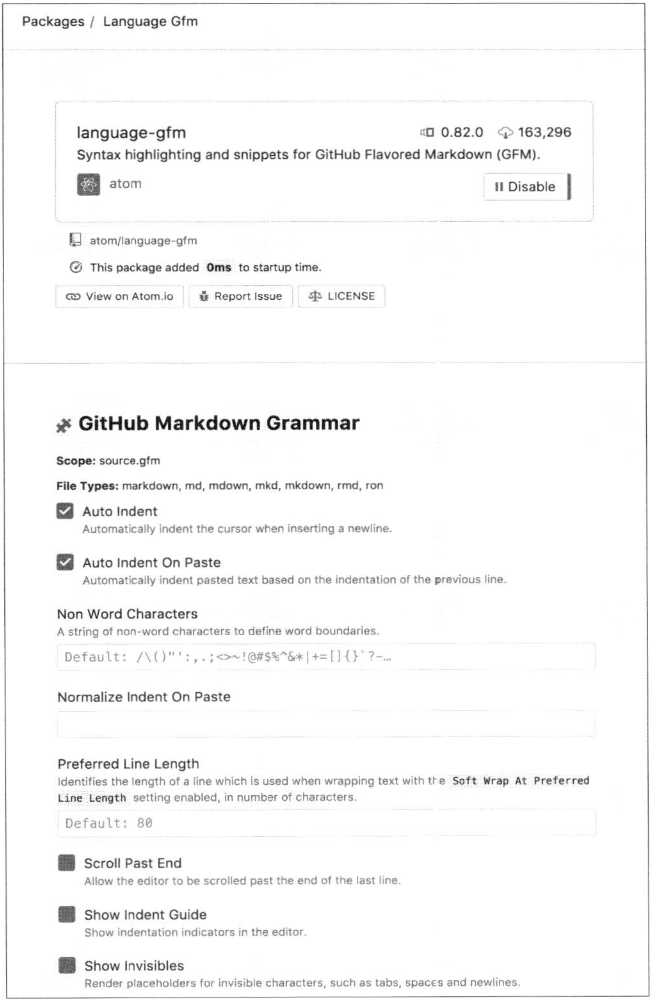

Packages / Language Gfm

language-gfm 0.82.0 163,296
Syntax highlighting and snippets for GitHub Flavored Markdown (GFM).
atom
Disable

atom/language-gfm
This package added 0ms to startup time.
View on Atom.io Report Issue LICENSE

GitHub Markdown Grammar

Scope: source.gfm

File Types: markdown, md, mdown, mkd, mkdown, rmd, ron

Auto Indent
Automatically indent the cursor when inserting a newline.

Auto Indent On Paste
Automatically indent pasted text based on the indentation of the previous line.

Non Word Characters
A string of non-word characters to define word boundaries.
Default: /\()"':,.;<>~!@#$%^&*|+=[]{}`?-…

Normalize Indent On Paste

Preferred Line Length
Identifies the length of a line which is used when wrapping text with the `Soft Wrap At Preferred Line Length` setting enabled, in number of characters.
Default: 80

Scroll Past End
Allow the editor to be scrolled past the end of the last line.

Show Indent Guide
Show indentation indicators in the editor.

Show Invisibles
Render placeholders for invisible characters, such as tabs, spaces and newlines.

CSONで記述されているこのファイルは、最初のキーがスコープ、次のキーが名前空間、そしてその中の各項目が実際に設定として使われる設定値のキーとバリューになっています。

スコープは設定が適用される範囲を制限する役割を持っています。たとえば上記の設定ファイルにあるスコープは、「*」と「.gfm.source」の2つです。スコープはCSSセレクタを利用しているので、すべてマッチする全称セレクタ「*」は、すべてに適用されるグローバルな設定だということを意味しています。

「.gfm.source」はGitHub Flavored Markdown[注17](以下GFM)用のシンタックスを提供しているコアパッケージ「language-gfm」によって作られるスコープです。この中の設定値は、language-gfmによるシンタックスが適用されるファイル(主に拡張子.mdや.markdownなどのファイル)のみに適用され、もしグローバルな設定に同じ設定値がある場合はそれを上書きします。

名前空間は、パッケージ開発者が自由にAtomの設定を扱えるようにするために用意されたしくみです。APIを使って設定値を読み書きする際、パッケージごとに値を区別するため、core(コア設定)とeditor(エディタ設定)など一部の特別なものを除いてすべて自動的にパッケージ名が使われるようになっています。

設定値はJSON Schema[注18]を使って定義されています[注19]。パッケージ開発者がパッケージ固有の設定画面を用意する場合、スキーマを定義するだけでAtomは自動的に設定画面を作成するようになっています。

特殊な設定

設定ファイルの中身としくみを把握したところで、この設定ファイルを直接編集することでのみ実現可能な特殊な設定を紹介していきます。

■スコープ限定の設定

Atomの設定には、グローバル以外のスコープが用いられているときだけ利用できる設定が用意されています。

表4.3はスコープ限定で利用できる設定項目をまとめたものです。設定できる値はすべて文字列になっており、未設定の場合はnullになります。

注17　GitHubが策定したMarkdownの拡張仕様の一つです。

注18　http://json-schema.org/

注19　Atomのコア設定とエディタ設定のスキーマはAtomのソースコードのsrc/config-schema.coffeeから確認できます。
https://github.com/atom/atom/blob/master/src/config-schema.coffee

表4.3 スコープ限定の設定項目

名前	説明
commentStart	コメント開始記号
commentEnd	コメント終了記号
increaseIndentPattern	次行からインデントを追加するパターン
decreaseIndentPattern	インデントを減少するパターン
foldEndPattern	折り畳みを終了するパターン

たとえば、language-phpではコメント記号に「//」を使用するように設定されていますが、もし「/* */」を利用したい場合は、config.csonに次のように追記して保存すると、コメント記号が設定した値へと変化します。

```
".source.php":
  editor:
    commentStart: "/* "
    commentEnd: " */"
```

■スコープを利用した設定例

スコープを利用した設定ですが、実は知らないうちにAtomの至るところで活用されています。

具体的な例としては、各シンタックスごとに補完候補やコメント記号を切り替えるために、シンタックスパッケージは専用の設定ファイルを提供しています。

たとえばコアパッケージのlanguage-gfmは、language-gfm/settings/gfm.cson[注20]という設定ファイルを提供しており、次のように`.source.gfm:not(.markup.code)`というスコープに対して、softWrap、commentStart、commentEnd、completionsをそれぞれ独自の設定値で上書きしています。

```
'.source.gfm:not(.markup.code)':
  'editor':
    'softWrap': true
    'commentStart': '<!-- '
    'commentEnd': ' -->'
```

もしこの設定が気に入らなければ、config.csonに対して同じスコープを

注20 https://github.com/atom/language-gfm/blob/master/settings/gfm.cson

利用して設定値を上書きできますが、この場合の設定値は追加ではなく文字どおり上書きされ、既存の設定は利用できなくなりますので変更する場合は注意しましょう。

4.6 テーマの設定

基本的な設定の次は、エディタを楽しく利用するために欠かせないテーマの設定について解説していきます。Atomの画面はHTML、CSS、JavaScriptによって作られていることから、ほかのエディタと比べて群を抜いて柔軟なテーマ作成が行えます。それは、無数にあるWebページが実にさまざまなデザインであるのと同じと言えます。

シンタックステーマとUIテーマ

Atomのテーマには次の2つの分類があります。

- **シンタックステーマ**
  画面に表示されている、実際に編集を行うコードの装飾を行うためのテーマ。シンタックスという名前のとおり、Atomのシンタックスパッケージによって HTMLに付けられたクラスを用いてCSSによる装飾を行う
- **UIテーマ**
  シンタックステーマが適用される編集部分以外を装飾するためのテーマ。コードの装飾は変更せず、あくまでその外周の装飾のみを変更する

それぞれのテーマを切り替えてみるとすぐにその違いを理解できると思いますので、さっそくテーマをインストールして切り替えてみましょう。

テーマのインストール

実際にテーマをインストールして適用する方法を解説します。

設定画面の左にあるメニューの「Install」を選択すると、テーマやパッケージを検索してインストールできる画面が表示されます。

まず検索ボックスの右にある「Themes」ボタンを押すと、**図4.5**のように

現在Atomの中で人気のある「Featured Themes」が表示されます。

図4.5 Featured Themes

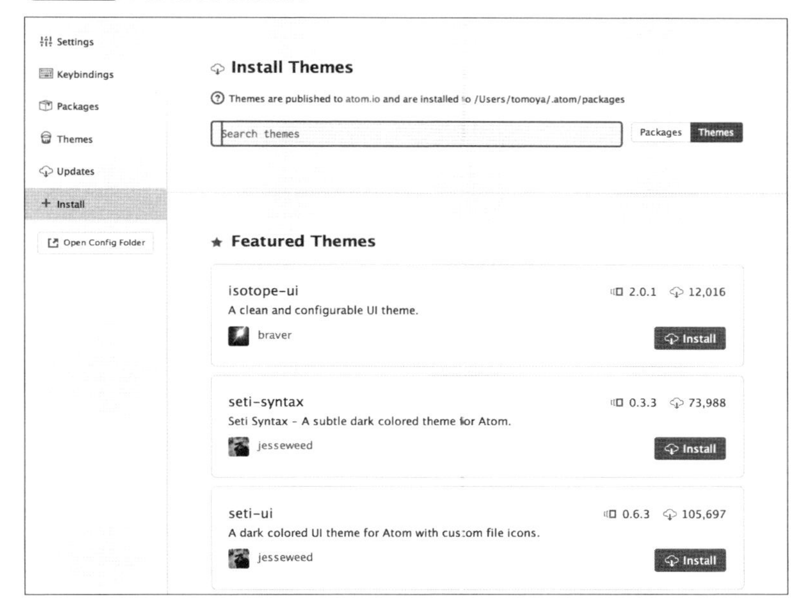

もし、これをインストールしてみたければ、「Install」ボタンを押すだけです。ほかのテーマをインストールする場合は、検索ボックスに名前を入力してenterを入力すると候補が表示されますので、あとは同じく「Install」ボタンを押すだけです。

なお、「Install」画面に表示されるテーマがUIテーマなのかシンタックステーマなのかを見分ける方法は提供されていないため、多くのテーマは名前の末尾に「-ui」と「-syntax」を付けることで識別できるようにしてくれています。

テーマの設定

インストールしたテーマは自動的に反映されるわけではありません。設定画面の左のメニューから「Themes」を開いて、「Choose a Theme」の下にあるセレクトボックスから適用したいUIテーマ、シンタックステーマをそれぞれ選択すると、**図4.6**のように選択したテーマがすぐに反映されます。

図4.6 Setiテーマを選択して反映した状態のAtom

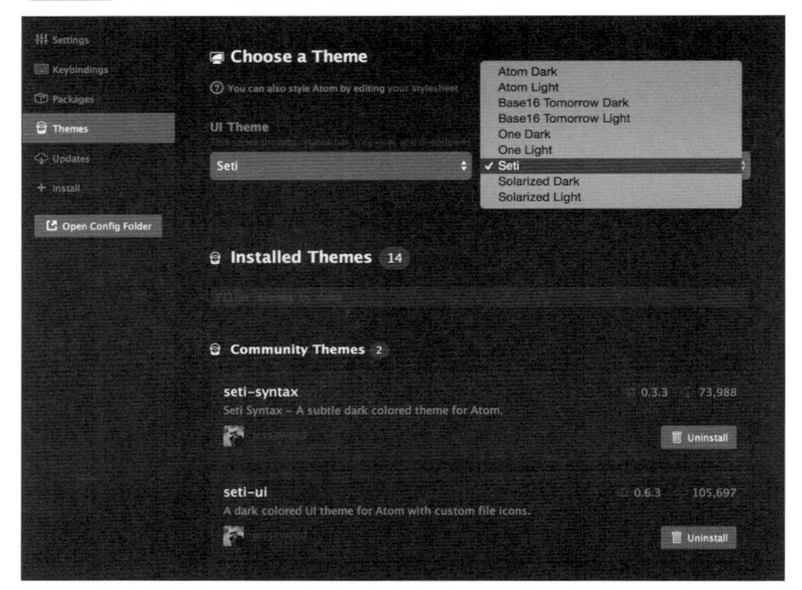

テーマのアップデートは後述するパッケージのアップデートとまったく同じ方法になっていますので、そちらを確認してください。

テーマのアンインストール

テーマをアンインストールするには、テーマの設定と同じく「Themes」から行います。

「Community Themes」以下にインストールしたテーマがリストアップされるので、図4.6の右下に表示されている「Uninstall」ボタンを押すとテーマが削除されます。

なお、現在選択中のテーマであってもアンインストール可能になっています。実行した場合は、Atom Darkテーマが適用されるようになっています。

4.7 キーバインドの確認

設定画面の左にあるメニューから「Keybindings」を選択すると、あなたのAtomに現在登録されているキーバインド一覧が表示されます(**図4.7**)。

図4.7 キーバインド一覧

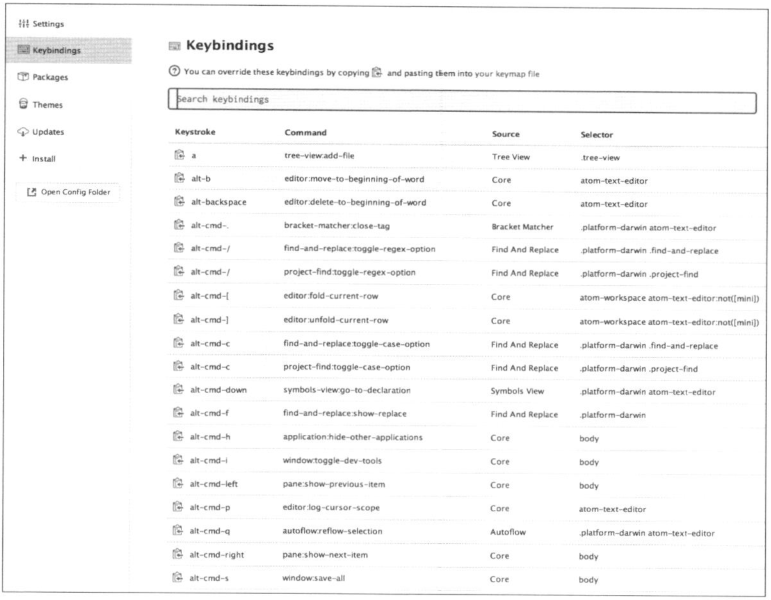

Settings
Keybindings
Packages
Themes
Updates
+ Install
Open Config Folder

Keybindings

You can override these keybindings by copying and pasting them into your keymap file

Search keybindings

Keystroke	Command	Source	Selector
a	tree-view:add-file	Tree View	.tree-view
alt-b	editor:move-to-beginning-of-word	Core	atom-text-editor
alt-backspace	editor:delete-to-beginning-of-word	Core	atom-text-editor
alt-cmd-.	bracket-matcher:close-tag	Bracket Matcher	.platform-darwin atom-text-editor
alt-cmd-/	find-and-replace:toggle-regex-option	Find And Replace	.platform-darwin .find-and-replace
alt-cmd-/	project-find:toggle-regex-option	Find And Replace	.platform-darwin .project-find
alt-cmd-[	editor:fold-current-row	Core	atom-workspace atom-text-editor:not([mini])
alt-cmd-]	editor:unfold-current-row	Core	atom-workspace atom-text-editor:not([mini])
alt-cmd-c	find-and-replace:toggle-case-option	Find And Replace	.platform-darwin .find-and-replace
alt-cmd-c	project-find:toggle-case-option	Find And Replace	.platform-darwin .project-find
alt-cmd-down	symbols-view:go-to-declaration	Symbols View	.platform-darwin atom-text-editor
alt-cmd-f	find-and-replace:show-replace	Find And Replace	.platform-darwin
alt-cmd-h	application:hide-other-applications	Core	body
alt-cmd-i	window:toggle-dev-tools	Core	body
alt-cmd-left	pane:show-previous-item	Core	body
alt-cmd-p	editor:log-cursor-scope	Core	atom-text-editor
alt-cmd-q	autoflow:reflow-selection	Autoflow	.platform-darwin atom-text-editor
alt-cmd-right	pane:show-next-item	Core	body
alt-cmd-s	window:save-all	Core	body

この表には、Keystroke(キー操作)、Command(実行するコマンド)、Source(定義元のパッケージ)、Selector(CSSセレクタ)が表示され、検索ボックスからすべてのテキストを対象に絞り込み検索ができます。こちらはenterを押す必要はありません。

また、「Keystroke」の左にあるアイコンをクリックすると、設定コードがクリップボードにコピーされ、自分でキーバインドを設定する際に利用できるようになっています。コマンド名の表記やCSONの記述に自信がない方はこちらを利用しましょう。

任意のキーバインドを設定するには直接設定ファイルを編集する必要が

あります。第7章であらためて解説します。

4.8 パッケージの導入

さて、いよいよAtomをより便利にするために機能を拡張できるパッケージについて解説していきます。

筆者はAtomを利用する前はEmacsを利用していました注21。Emacsは非常に高い拡張性があり歴史の長いソフトウェアであるため、多くのパッケージが提供されています。その魅力に取り憑かれ、書籍を執筆するまでに至りました注22。

たしかにEmacsには歴史があり多くのパッケージの資産がありますが、Atomは近年のJavaScript(Node.js)の進化に牽引され、登場してまだ間もないうちから驚くほど豊富なパッケージが提供され、2015年6月のAtom 1.0リリース時点で2,090のパッケージが公開されました注23。そのため、筆者がEmacsで使っていた機能のほとんどをAtomでも見付けることができました。

というわけで、筆者も大満足なパッケージのインストールについて解説していきます。

パッケージのインストール

Atomにパッケージをインストールするには、テーマと同じく設定画面の「Install」画面から行います。「Packages」ボタンを選択すると人気のある「Featured Packages」の一覧が表示され、「Install」ボタンを押すとインストールされます(なお、こちらにはテーマも含まれています)。表示されていないパッケージは検索してインストールできます。

たとえば、第5章で紹介するlinterをインストールするには、「Install」

注21 誤解のないように言っておくと、利用しなくなったわけではなく、今でもとても便利に利用しています。

注22 『Emacs実践入門――思考を直感的にコード化し、開発を加速する』技術評論社、2012年

注23 http://blog.atom.io/2015/06/25/atom-1-0.html

画面の検索ボックスに「linter」と入力してenterを押します。すると**図4.8**のように「linter」をタイトルや説明に含むパッケージが表示されますので、linterを見付けて「Install」ボタンを押してインストールします。

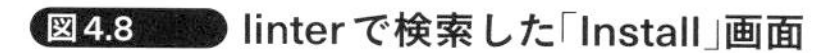
図4.8 linterで検索した「Install」画面

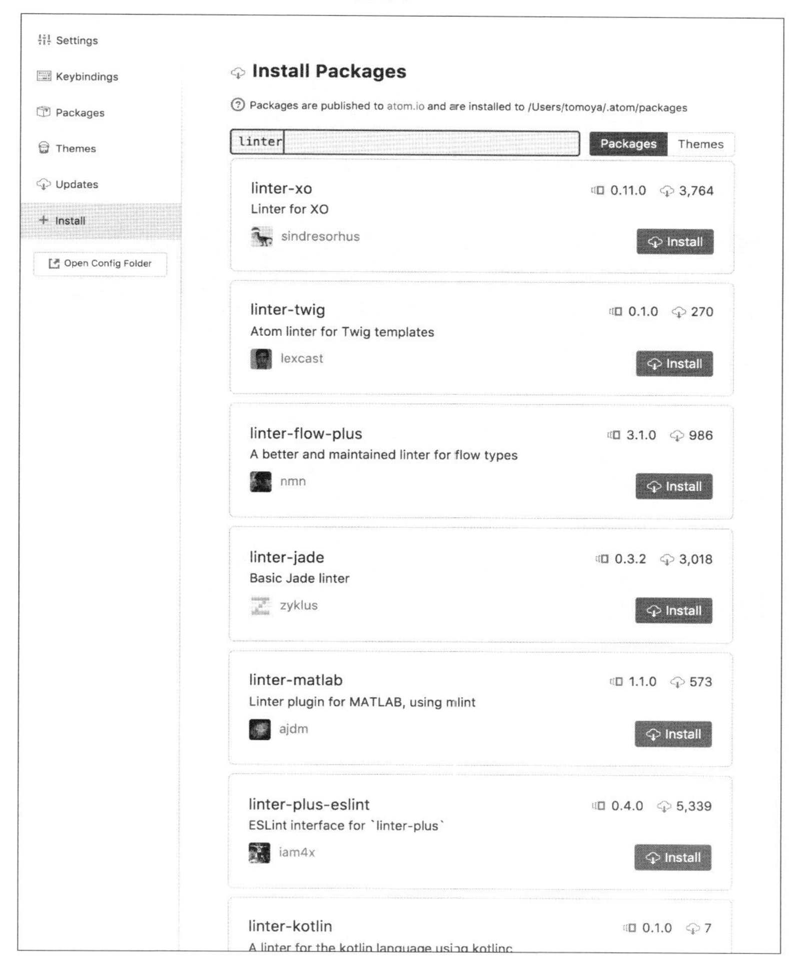

apmコマンドによるインストール

Atomでは、Atomをインストールした際にatomコマンドと同時にインストールされるapmコマンドを利用して、コマンドラインからパッケージを管理することもできます。

npm(*Node Package Manager*)を知っている人は名前が似ているのでピンときたかもしれません。apmはnpm、gem、Homebrewなどのコマンドと似た操作方法でパッケージを管理できます。

パッケージをインストールするには、ターミナルから次のコマンドを実行するだけです。

```
$ apm install <パッケージ名1> <パッケージ名2>
$ apm install <パッケージ名>@<バージョン>
$ apm install --packages-file <パッケージ名が記載されたファイル>※
```

※複数の場合はファイル内で改行区切りで指定します。

コマンドの説明はapm --helpやapm install --helpから確認できます。

なお、apmコマンドはnpmやgemがそうであるように、パッケージ開発者がパッケージを公開するツールとして使えるようになっています。詳しくは第8章で解説しています。

パッケージ固有の設定

パッケージによっては、個別に設定を用意しているものがあります。たとえば、シンタックスパッケージは標準で個別設定を持っています。このパッケージごとの設定方法を解説します。

設定画面の左メニューから「Packages」を選択すると、インストールされているパッケージ一覧が表示されます。「Community Packages」と「Core Packages」という分類がありますが、コアパッケージはすでに説明したとおりAtomが標準で内蔵しているパッケージで、あなたがインストールしたパッケージは「Community Packages」にまとめられます。

この一覧で、パッケージ名やGitHubアカウント名以外、あるいは「Settings」ボタンをクリックすると、**図4.9**のようにパッケージ固有の設定を行えます。こちらで設定された項目は、基本的な設定と同様にconfig.csonファイルに保存され、すぐに反映されます。

図4.9 spell-checkのパッケージ固有の設定

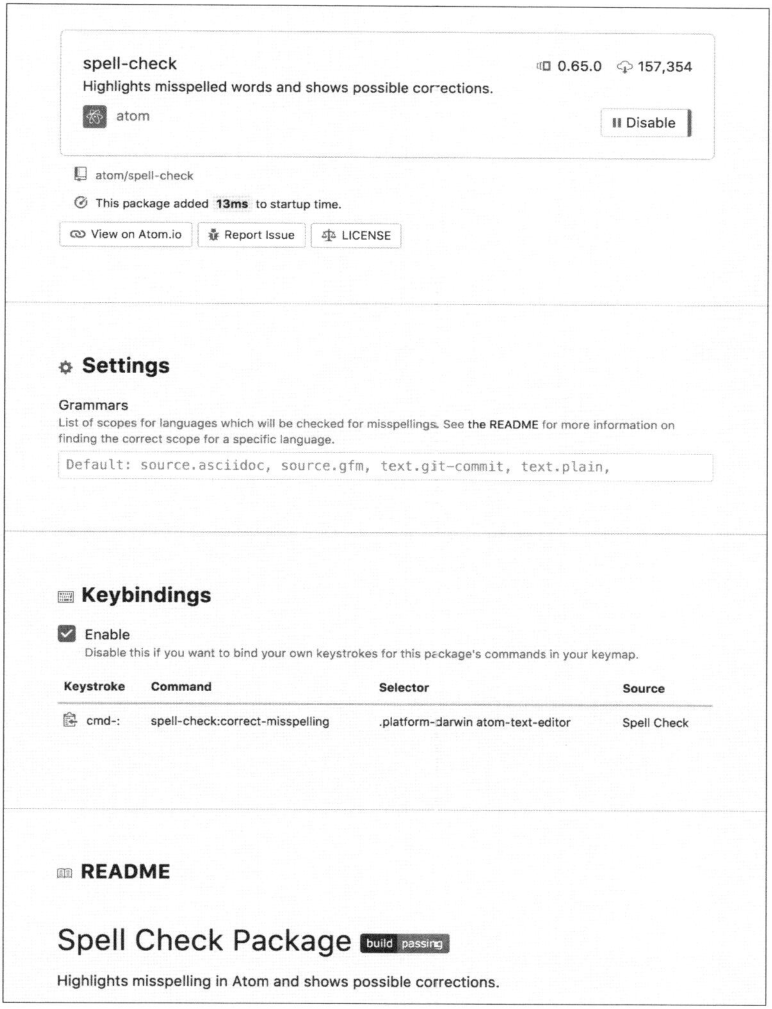

spell-check
Highlights misspelled words and shows possible corrections.
0.65.0 157,354
atom
Disable

atom/spell-check
This package added 13ms to startup time.
View on Atom.io Report Issue LICENSE

Settings

Grammars
List of scopes for languages which will be checked for misspellings. See the README for more information on finding the correct scope for a specific language.
Default: source.asciidoc, source.gfm, text.git-commit, text.plain,

Keybindings

Enable
Disable this if you want to bind your own keystrokes for this package's commands in your keymap.

Keystroke	Command	Selector	Source
cmd-:	spell-check:correct-misspelling	.platform-darwin atom-text-editor	Spell Check

README

Spell Check Package build passing

Highlights misspelling in Atom and shows possible corrections.

また、キーバインドを提供しているパッケージの場合、こちらに登録されているキーバインド一覧が表示されます。そして、「Enable」のチェックを外すことで、パッケージが提供するキーバインドをすべて無効化できるようになっています。なお、個別に無効化する方法は第7章「キーバインドのカスタマイズ」(204ページ)で解説しています。

パッケージのアップデート

パッケージのアップデートは本体と違って自動では行われません。インストールしているパッケージに更新があると、第2章「ステータスバー(Status Bar)」(34ページ)で解説したようにステータスバーの右下にアイコンが表示されます。こちらをクリックすると**図4.10**のように設定画面の「Updates」が開くので、更新したいパッケージの「Update to <バージョン>」ボタンを押すか、「Update All」ボタンを押してパッケージをアップデートします。

図4.10 パッケージアップデート画面

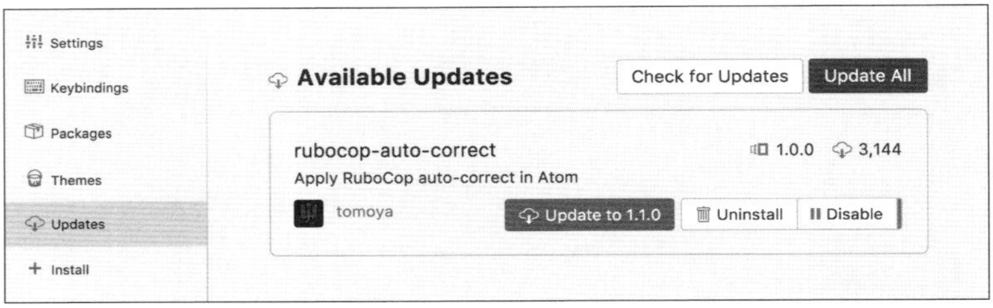

先ほど紹介したapmコマンドから更新を行うことも可能です。

```
$ apm outdated
もしくは
$ apm update --list
```

上記のコマンドを実行すると、更新可能なパッケージを確認できます。パッケージの更新は、次のようにapm updateもしくはupgradeで行います(どちらも同じ動作です)。

```
$ apm update <パッケージ名> ←特定のパッケージのみアップデート
$ apm update ←すべてのパッケージをアップデート
もしくは
$ apm upgrade <パッケージ名>
$ apm upgrade
```

実行すると、次のように更新されるパッケージを表示して確認を求められます。そのままenterを入力すると更新が実行されます。

```
$ apm update
Package Updates Available (3)
├── git-plus 5.7.1 -> 5.8.2
├── linter-eslint 5.2.6 -> 5.2.7
└── rubocop-auto-correct 1.0.0 -> 1.1.0

Would you like to install these updates? (yes) カーソル位置
```

パッケージの無効化／アンインストール

選択中の1つのみが読み込まれて適用されるテーマと異なり、パッケージは基本的にすべてが読み込まれ利用可能になっています。一時的に機能をオフにしたいこともあるため、パッケージにはアンインストール以外にも無効化(Disable)という選択肢が用意されています。

パッケージを無効化／アンインストールする方法は、テーマのアンインストールと同じで「パッケージ固有の設定」(122ページ)で紹介した画面からそれぞれのボタンを押すだけで行えます。

アンインストールした場合はpackagesディレクトリから削除されますが、無効化した場合は削除はせず、即座に利用不能になります。無効化したパッケージの管理は、次のようにconfig.csonの名前空間coreにdisabledPackagesという項目が追加され、無効化したパッケージ名が配列で記載されるようになっています。そのため、直接設定ファイルを編集して無効化することも可能です。

```
disabledPackages: [
  "atom-ctags"
  "file-icons"
  "emmet"
]
```

4.9 テーマ／パッケージの見付け方

設定画面からパッケージを検索してインストールできるのはたいへん便利ですが、数多くあるパッケージから目的の機能を見付けるのはやや難易度が高いかもしれません。そこで、設定画面以外からの見付け方を紹介しておきます。

- **公式サイト**
  - パッケージ（https://atom.io/packages）
  - テーマ（https://atom.io/themes）
- **公式ブログ（http://blog.atom.io/）**

まず公式サイトには、パッケージとテーマそれぞれのページが用意されています。こちらからは、「Featured」（人気の）、「Trending」（注目の）、「Newest」（最新の）、「Recently Updated」（更新された）パッケージを見ることができます。

そして、各パッケージにはリポジトリのREADMEから自動生成された専用ページが用意されており、テーマであればスクリーンショットが掲載されていることが多いためインストール前に確認ができます。

次に公式ブログでは、定期的に「New Package Roundup」というタイトルの記事がポストされ、おもしろいパッケージが紹介されています。Atomの最新情報もこちらに公開されますので、興味のある方はぜひチェックしておきましょう。

4.10 お勧めの設定

本章の最後は、筆者お勧めの設定を紹介して締めくくります。といってもあまり特殊な設定ではなく、最低限確認しておくとよい設定のみに焦点を当てて紹介しています。

おそらく筆者のまだ知らないAtomの便利な設定があるかと思いますの

で、ぜひ自分でいろいろと試してみてください。

フォント

まずはフォントについてです。すでに解説したとおり、特に何も設定をしていないAtomでは日本語はヒラギノ角ゴProN、英数はMonacoが使用されます。これでも十分きれいに表示されますが、半角と全角の幅が1：2になっていないため、こだわる人にとっては何とかしたいところです。そこでお勧めするのが**表4.4**のフォントです。

表4.4 1：2を実現するお勧めの英数フォント

名前	解説
Osaka-Mono	Mac標準フォント
Inconsolata	英数のみのフォント。要インストール。 http://levien.com/type/myfonts/inconsolata.html
VLゴシック	要インストール。http://vlgothic.dicey.org/

これらのフォントを指定すると、標準のフォントサイズ16ピクセルの場合、半角と全角の幅がきれいに1:2となります。

なお、筆者がこの原稿を執筆開始時点のフォント設定は、英数にInconsolata、日本語にNoto Sans CJK JP[注24]を適用していました。

CSSで英数と日本語に別のフォントを指定するには、`font-family: <英数フォント>, <日本語フォント>;`の順番で指定することで可能です。エディタ設定の「Font Family」へ次のように入力することで指定できます。

```
inconsolata, "noto sans cjk jp"
```

またAtom 1.1からはFira Code[注25]などLigature（合字）に対応したフォントもサポートされています。合字フォントを利用する際には、フォントの指定だけでなくstyles.lessファイルに次の設定を記述する必要があります。

```
atom-text-editor {
  text-rendering: optimizeLegibility;
}
```

注24　要インストール。https://www.google.com/get/noto/#/family/noto-sans-jpan
注25　要インストール。https://github.com/tonsky/FiraCode

ほかにもすばらしいフォントはいろいろとありますので、いろいろと探してみてください。

空白文字の除去

第3章の「末尾空白文字を削除する」(82ページ)で説明したとおり、Atomは標準の設定でファイル保存時に末尾空白を削除するようになっています。この挙動は、コアパッケージ「whitespace」の設定から変更可能になっています。

whitespaceの設定画面には4つの設定項目があり、それぞれの説明は次のとおりです。

- **Ensure Single Trailing Newline**
  ファイル末の改行を自動的に1つだけにする。初期値は有効
- **Ignore Whitespace On Current Line**
  カーソルのある行の末尾空白は無視する(削除しない)。初期値は有効
- **Ignore Whitespace Only Lines**
  空白のみの行は無視する(削除しない)。初期値は無効
- **Keep Markdown Line Break Whitespace**
  Markdownファイルの末尾空白(2つ以上)は削除しない。初期値は有効
- **Remove Trailing Whitespace**
  末尾空白を削除する。初期値は有効

このパッケージの存在を知らない人にとっては、Atomでファイルを編集すると勝手にファイル末に改行が追加されたり削除されたりするため、若干戸惑いを覚える可能性があります。

これらの設定は意図しないスペースによってコードが汚染されるのを防いでくれるため筆者は変更せずに利用していますが、人によっては不都合があるかもしれませんので、その場合は適切な設定に変更しておきましょう。また、もし利用したくないという場合はパッケージを無効化しましょう。

括弧の自動対応

空白文字の除去もそうですが、多くの人にとって便利な機能であっても、

人によっては逆に不便だと感じる場合があります。

コアパッケージ「bracket-matcher」は、開き括弧「(」を入力すると自動的に閉じ括弧「)」を自動補完する機能を提供していますが、不要に思う人もいると思いますので、その場合は適切に設定を行いましょう。

bracket-matcher設定画面には次の3つの設定項目がありますので、こちらも好みに応じて設定を変更するとよいでしょう。

- **Autocomplete Brackets**
  括弧とクオートを自動補完する。初期値は有効
- **Autocomplete Smart Quotes**
  文脈に応じてクオートを自動補完する。初期値は有効
- **Wrap Selections In Brackets**
  選択範囲を入力した括弧とクオートで囲う。初期値は有効

Autocomplete Bracketsによる自動補完は必ず実行されるのではなく、カーソル位置の右に英数文字がある場合は補完しないしくみになっています。

また、Autocomplete Smart Quotesは、「“”、‘’、«»、‹›」という前と後ろで異なる記号のクオートを自動的に切り替えて補完します。

ファイルの自動保存

最後に紹介する設定は、コアパッケージ「autosave」が提供するファイルの自動保存です。

自動保存を無効にしているときは、タブやウィンドウを閉じるときに未保存のファイルがあればダイアログで確認が行われます。

設定画面の「Enabled」にチェックを入れて有効化すると、編集中のエディタからフォーカスが外れたとき、ペインを閉じられたときに自動的にファイルを保存してくれます。

気になった方は、とりあえず一度有効化してみて試してみてください。

第 5 章

パッケージによる開発の効率化

5.1 操作の拡張

本章ではAtomの豊富なパッケージを紹介していきます。まずは、Atomの操作を拡張してくれるパッケージを紹介していきます。

Emacsライクな操作の実現——emacs-plus

これまでEmacsを利用していた人にとってほかのエディタを利用するうえで障壁となるのは、拡張による機能追加よりもその特殊なキーバインドであるという意見を多く耳にしてきましたし、実は筆者もその一人でした。

Atomはもともと Emacsを利用していたChris Wanstrath氏[注1]によって作成されたため[注2]、標準でEmacsのキーバインドを実現できるようにキーカスタマイズのしくみが作られています。つまり、設定しだいでEmacsの操作を表現できるように作られているのですが、ゼロから自分の手で設定していくのは骨の折れる作業と言えます。

そこで利用したいパッケージが、Emacsのキーバインドをプリセットで提供してくれるemacs-plusパッケージです。

こちらのパッケージを導入すると、`ctrl-g`でキャンセルを行ったり[注3]、`ctrl-x ctrl-s`でファイルを保存するなどのEmacsキーバインドを提供するほか、次の機能も利用できるようになります。

- **`ctrl-space`によるマーク(`ctrl-g`で解除する)**
- **`ctrl-k`によるkill-line(連続して実行するとカットした行をクリップボードへ追加する)**

ほかにも同じ作者によるclipboard-plusパッケージを組み合わせると、

注1　GitHubのCo-Founder兼CEOです。通称defunkt。

注2　次の記事でAtomの誕生秘話が語られています。
http://www.wired.com/2015/06/github-atoms-code-editor-nerds-take-universe/

注3　標準のAtomの設定では`ctrl-g`はgo-to-lineパッケージのキーバインドが優先されるため、パッケージ固有の設定で無効化する必要があります。無効化した場合でも、emacs-plusに登録されている`alt-g g`によってgo-to-lineの機能を利用できます。

Emacsのkill-ring[注4]も利用できるようになります。

Vimライクな操作の実現──vim-mode

Vimを利用していた人にとっては、Vim特有のモーダル操作[注5]が欲しいかと思います。その場合はvim-modeパッケージを導入しましょう。こちらのパッケージはAtomの開発者の一人がメンテナンスしているため、完成度、ソースコードともに高品質です。

vim-modeはモーダルな操作のみを提供するため、コマンドラインによる操作が必要な人はex-modeも一緒にインストールしましょう。こちらはExコマンド(:)[注6]によるコマンドラインモードを提供してくれます。

5.2 装飾

テキストを編集するエディタは本来とても質素なソフトウェアですが、さまざまな装飾を施すことにより、実にきらびやかな見た目へと変化します。

ここでは、Atomに素敵な装飾を追加するパッケージを紹介していきます。

ファイルアイコンの追加──file-icons

file-iconsは、Atomのタブやツリービューにファイルの種類(拡張子)別アイコンを追加してくれるパッケージです。インストールするだけで適用されます。

なお、Setiなどの一部テーマは標準でファイルアイコンを用意しているため表示が崩れる場合があるので注意が必要です。その場合はパッケージを無効化しておきましょう。

注4　クリップボード履歴のようなしくみのことです。

注5　ノーマルモードや挿入モードなど、モードある操作のことをモーダル操作と呼びます。

注6　:から始まるコマンドです。詳しくは次のマニュアルを参照してください。
http://vim-jp.org/vimdoc-ja/vimindex.html#ex-cmd-index

カラーコードに沿ったハイライト表示——pigments

pigmentsはバッファ上のカラーコードを読み取って、テキストの背景色を変更してくれるパッケージです。このパッケージを利用すると、**図5.1**のようにテキスト情報でしかないカラーコードからでも一目で色彩を確認できるようになります。

図5.1 pigmentsインストール前(左)とインストール後(右)

	インストール前			インストール後	
1	@red-50:	#ffebee;	1	@red-50:	#ffebee;
2	@red-100:	#ffcdd2;	2	@red-100:	#ffcdd2;
3	@red-200:	#ef9a9a;	3	@red-200:	#ef9a9a;
4	@red-300:	#e57373;	4	@red-300:	#e57373;
5	@red-400:	#ef5350;	5	@red-400:	#ef5350;
6	@red-500:	#f44336;	6	@red-500:	#f44336;
7	@red-600:	#e53935;	7	@red-600:	#e53935;
8	@red-700:	#d32f2f;	8	@red-700:	#d32f2f;
9	@red-800:	#c62828;	9	@red-800:	#c62828;
10	@red-900:	#b71c1c;	10	@red-900:	#b71c1c;
11	@red-A100:	#ff8a80;	11	@red-A100:	#ff8a80;
12	@red-A200:	#ff5252;	12	@red-A200:	#ff5252;
13	@red-A400:	#ff1744;	13	@red-A400:	#ff1744;
14	@red-A700:	#d50000;	14	@red-A700:	#d50000;

ソースコード全体のプレビュー——minimap

minimapはソースコード全体の縮図を表示してくれるパッケージです。プラグインによって機能を追加できるように作られています[注7]。

筆者が特に便利だと感じているのはminimap-git-diffプラグインパッケージで、こちらを導入するとガターにGitから見て変更された行がハイライトされるのと同じようにminimap上にもハイライトが行われます(**図5.2**)。

こういった機能によって変更行をすぐに発見できることにより、必然的にコミットミスも減っていくことでしょう。

注7　先ほど紹介したpigmentsも同じ作者によるパッケージでプラグインとして機能します。

図5.2 minimap + minimap-git-diffによる表示

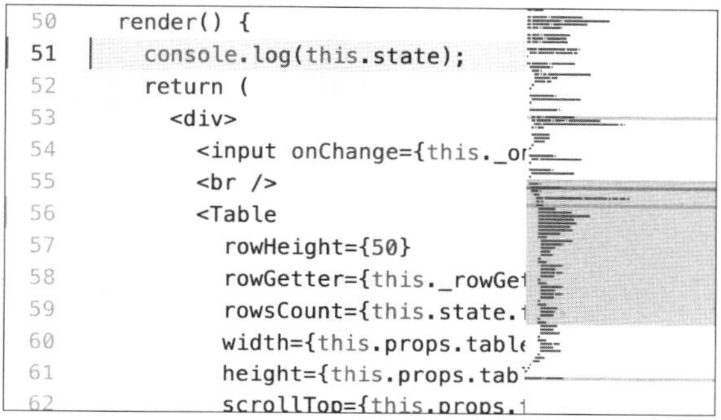

```
50    render() {
51      console.log(this.state);
52      return (
53        <div>
54          <input onChange={this._or
55          <br />
56          <Table
57            rowHeight={50}
58            rowGetter={this._rowGet
59            rowsCount={this.state.t
60            width={this.props.table
61            height={this.props.tab
62            scrollTop={this.props.t
```

※図では見やすくするためにminimap大きくしていますが、実際の表示はもう少し小さくなっています。

5.3 状態解析

エディタはさまざまな情報を扱い、常にその状態を変化させています。その状態を可視化することで、これまで気が付かなかった便利な情報が見つかる可能性があります。

Atomの使用状態の可視化――editor-stats

editor-statsは直近の6時間のキーボードやマウス操作を可視化してくれるパッケージです。Editor Stats: Toggleを実行すると起動し、ウィンドウ下部に**図5.3**のようなグラフを表示します。

図5.3 editor-statsによる操作記録

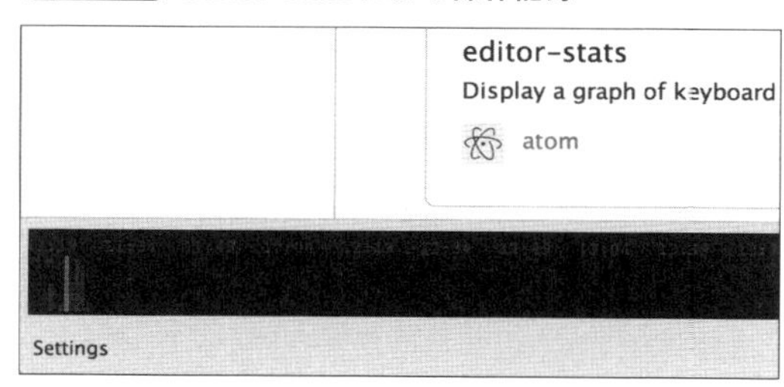

近年では、GitHubなどが提供するグラフ機能などにより、コード量、コミット数、コミット時刻などの情報によりコード上には現れないプロジェクト自体の状態を可視化することで、プロジェクト自体の健康状態を把握できるようになっています。このパッケージを利用すると、エディタ上で行った操作により、時間帯ごとのアクティビティをあとから確認できます。

なお記録情報は保存されないしくみなため、Atomを終了すると失われるようになっています。

コマンドの使用状態の可視化――command-logger

command-loggerはAtom上で実行されたコマンド（キー操作も含む）を記録し、そのログを可視化してくれるパッケージです。

`Command Logger: Open`コマンドを実行すると、**図5.4**のようにCommand Loggerペインが開かれ、コマンドの実行記録を見ることができます。記録されるコマンドは、`Command Logger: Clear Data`コマンドで削除できます。

図5.4 Command Loggerペイン

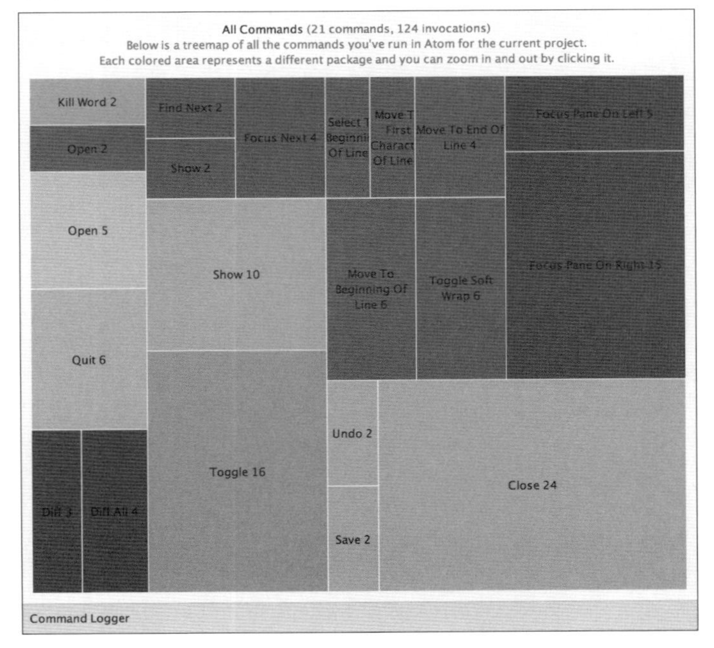

カラーピッカー――color-picker

color-pickerはAtom上でカラーピッカーを表示して、カラーコードの入力を助けてくれるパッケージです(**図5.5**)。

図5.5 color-pickerによるカラーコードの編集

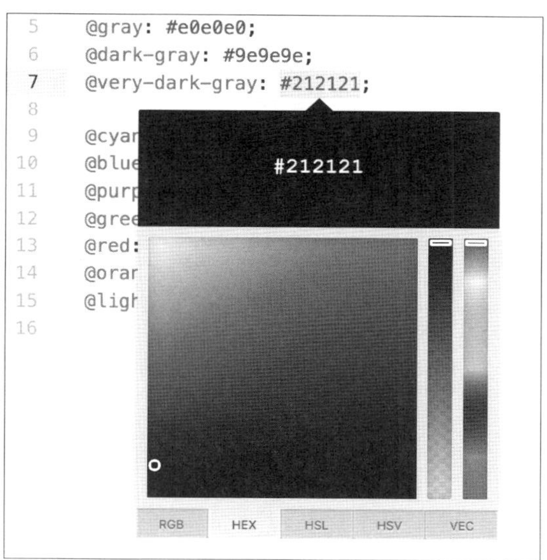

Color Picker: Open(cmd-shift-c)を実行するとカラーピッカーが開き、enterを入力すると選択した色のカラーコードをカーソル位置に入力します。

また、カラーコード(#000000やrgb(0,0,0)など)の上にカーソルがある状態で実行すると、カラーコードの色を拾い上げてカラーピッカーを開きます。そして、色を変更してenterを入力すると、変更した色のカラーコードにテキストを変更します。変更したくない場合は、escを入力するかエディタをクリックします。

正規表現解析――regex-railroad-diagram

regex-railroad-diagramはカーソルが正規表現の上にあるとき、記述されている正規表現を解析してウィンドウ下部に処理の流れを路線図のような形で図示してくれるパッケージです。Atomの構文解析のしくみを利用して、カーソル位置のGrammarがregexであるとき自動的にコマンドが実行され、**図5.6**のような図を作成して表示します。

図5.6 regex-railroad-diagram

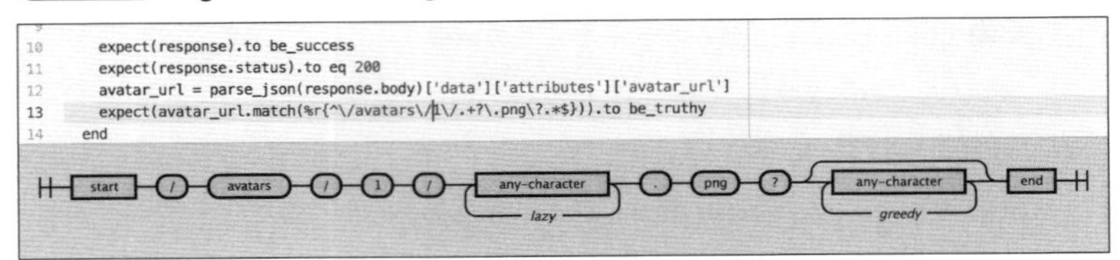

正規表現は記号が多いため理解するのに時間がかかる場合がありますが、このパッケージを利用することで直感的に正規表現を理解できるようになります。

シンボル用ツリービュー——symbols-tree-view

symbols-tree-viewはツリービューと同じ表示形式で編集中のバッファにあるシンボルを一覧表示するパッケージです。

`Symbols Tree View: Toggle`(`ctrl-alt-o`)を実行すると、**図5.7**のようにウィンドウ右にシンボル一覧を表示するパネルが開きます。

パッケージ設定の「Auto Toggle」にチェックを入れると、ファイルを開いた際に自動的にパネルを開くようになります。

5.4 プロジェクトの切り替え——git-projects

Atomはプロジェクト単位でウィンドウを起動して編集することを基本に設計されています。Atomからプロジェクトを開くための支援をしてくれるパッケージがgit-projectsです。

git-projectsはパッケージ設定の「Root paths」に指定したディレクトリを探索します。コマンドパレットUIにGitで管理されているプロジェクト一覧を表示し、選択したプロジェクトを新規ウィンドウで開きます。

図5.7 Symbols Tree Viewパネル

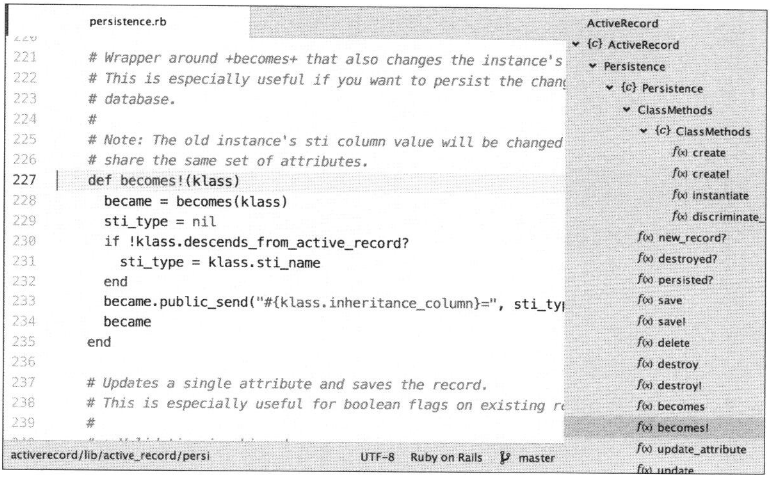

```
221     # Wrapper around +becomes+ that also changes the instance's
222     # This is especially useful if you want to persist the chang
223     # database.
224     #
225     # Note: The old instance's sti column value will be changed
226     # share the same set of attributes.
227     def becomes!(klass)
228       became = becomes(klass)
229       sti_type = nil
230       if !klass.descends_from_active_record?
231         sti_type = klass.sti_name
232       end
233       became.public_send("#{klass.inheritance_column}=", sti_ty
234       became
235     end
236
237     # Updates a single attribute and saves the record.
238     # This is especially useful for boolean flags on existing r
239     #
```

たとえば、筆者の環境で「Root paths」を/Users/tomoya/src/github.comと設定した場合に、`Git Projects: Toggle`を実行すると**図5.8**のような表示になります。

図5.8 git-projectsによるプロジェクト一覧表示

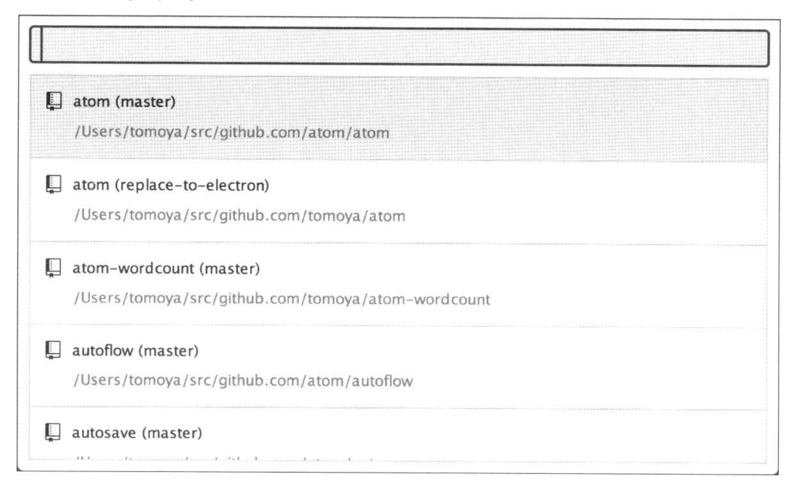

git-projectsは「Root paths」以外にも、探索から除外するパスやパターン、ディレクトリの深さ、ソート順、表示する情報などの項目を設定でき

るようになっています。対象となるリポジトリが多く動作が重いと感じる場合は、「Show repositories status」を無効化してみると改善するかもしれません。ぜひ好みに合わせて設定しておきましょう。

5.5 文法チェッカ――linter

プログラマーにとってLinter(文法チェッカ)は必須ツールの一つだと筆者は考えています。何時間も頭を悩ませたエラーの原因が単純な文法ミスだったという経験を持つ方も多いと思います。こういった単純な文法ミスを防ぐ手段として、エディタによるLinter機能はとても効果的です。

また、近年はLinterの役割として、文法チェックのみだけでなくRuboCop[注8]などのようにコーディングスタイルまでチェックしてくれるツールが登場しており、プロジェクトリポジトリにLinterの設定ファイルを追加してスタイルの統一を図ることも珍しくなくなってきました。

Linter機能を実現するパッケージはいくつかあるのですが、追加パッケージで構文を追加できるlinterが最も人気を博しています。

linterを導入すると**図5.9**のように行番号に印が付き、警告やエラー箇所に下線が引かれ、ステータスバーにエラー総数が表示されます[注9]。また、エラー行にカーソルをのせるとツールチップでメッセージを確認できます。

図5.9 linterによる文法チェック

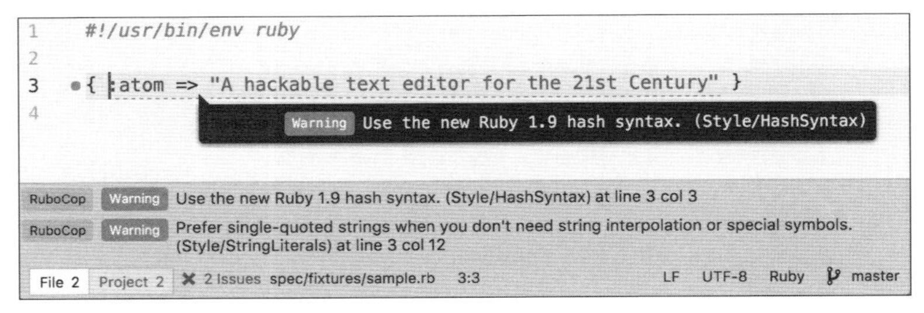

注8 https://github.com/bbatsov/rubocop
注9 この例では、linter-rubocopパッケージを追加しています。

追加パッケージ

linter自体は文法チェックやエラーを表示するためのAPIを提供するだけなので、実際にチェッカとして機能させるには、linterのページ[注10]の「Available linters」で紹介されている追加パッケージをインストールする必要があります[注11]。

たとえばJavaScriptをチェックしたい場合、linter-eslintなど好みに応じてインストールしましょう。追加パッケージをインストールすれば、次に保存したタイミングから文法のチェックが開始されます。

linterによる文法チェックは同一言語で複数のチェッカが混在していても動作するように設計されています。そのため、インストールしたパッケージは不要だと感じない限り無効化する必要はありません。

5.6 Gitの利用

AtomはGitHubが開発したエディタであるため、Gitとの親和性が非常に高くなっています。標準でGitコマンドによる操作こそ提供していませんが、Gitから得られるさまざまな情報を行番号、ツリービュー、ステータスバーなどにフィードバックしてくれるため、変更をすみやかに察知することが可能となっています。

またAtomでは、ブランチを切り替えるとAtomで開いているファイルのうち未保存のファイルを除くすべてのファイルを即座にチェックアウトした内容に更新します。そのため、頻繁にブランチを切り替えたとしても、誤った状態でコミットしてしまうといったミスが起こりにくくなっています。

このように、Gitに最適化されているAtomでは標準でもさまざまな恩恵が受けられるようになっていますが、パッケージを追加することでさらに強力なサポートが得られるようになっています。

注10　https://atom.io/packages/linter

注11　こちらで紹介されていないパッケージも存在しますので、表記がなくても一度は自分で検索してみることをお勧めします。

Git操作――git-plus

Atomは、標準ではコミットもできません。そこでAtomからGit操作を行いたい場合、まずはgit-plusをインストールしましょう。git-plusは、ステージングやコミットなど基本的なGit操作のすべてをAtomから行えるようにしてくれる素敵なパッケージです。

Gitは非常にコマンドが多いので、よく使われるものを**表5.1**に整理しました。

表5.1 git-plusのコマンド

git-plusコマンド	Gitコマンド	キーバインド	説明
`Git Plus: Menu`	なし	`shift-cmd-h`	git-plusが提供する操作一覧を表示する
`Git Plus: Log`	`git log && git show <オブジェクト>`	なし	コマンドパレットから選択したログの詳細を表示する
`Git Plus: Diff (All)`	`git diff <カレントバッファ>`	なし	カレントバッファの差分を表示する（Allの場合はすべて）
`Git Plus: Add (All)`	`git add <カレントバッファ>`	`shift-cmd-a`	カレントバッファのファイルをステージする（Allの場合はすべて）
`Git Plus: Commit`	`git commit`	`shift-cmd-c`	コミットメッセージを書くためのペインを表示して、保存するとコミットする
`Git Plus: Add And Commit`	`git add <カレントバッファ> && git commit`	`shift-cmd-a c`	カレントバッファをステージしてコミットする（それ以前にステージしていたファイルも対象）
`Git Plus: Commit Amend`	`git reset --soft HEAD^ && git commit`	なし	1つ前のコミットを修正する
`Git Plus: Checkout`	`git checkout`	なし	コマンドパレットから選択したブランチにチェックアウトする

筆者は頻繁に利用する`git add`や`git commit`などのコマンドを次のようなキーバインドに登録して利用しています。キーバインドのカスタマイズは第7章で詳しく解説しています。

```
'atom-text-editor:not(.mini)':
  'alt-g a': 'git-plus:add'
  'alt-g alt-a': 'git-plus:add-and-commit'
  'alt-g alt-c': 'git-plus:commit'
```

Git Plus: Diffコマンドは、標準でステージされた変更も含む注12ようになっていますが、パッケージ設定の「Include staged diffs?」のチェックを外すと、ステージされていない変更のみが対象注13となります。また、標準ではワード単位でハイライトされますが「Word Diff」のチェックを外すと行単位の表示に変化します。

Git操作を提供するパッケージはgit-plus以外にも、グラフィカルなUIを提供するgit-controlなど続々と登場していますので、興味がある方はぜひ試してみてください。

コンフリクトのマージ――merge-conflicts

素直に心情を吐露すると、Gitでコンフリクトが発生した場合、筆者は少しばかりテンション下がります。その理由としては、適切に衝突箇所を修正できる自信があまりないためです。

ですが、merge-conflictsはコンフリクトが発生した際、選択式のわかりやすい編集支援を提供してくれるため、自信を持ってコンフリクトを修正できるようにしてくれます。

コンフリクトが発生しているファイルを開いてMerge Conflicts: Detectを実行すると、**図5.10**のようにコンフリクト箇所をハイライトし、採用するコードを選択するだけでコンフリクトをどんどん修正できます。

また、ウィンドウ下部に進捗状況をパネルで表示してくれているため、すべてのコンフクリクトを修正できたかどうかすぐに把握できるようになっています。修正が完了するとそのままステージできるなど、コンテキストに応じて何をすべきなのか示唆してくれることで、安全にコンフリクトの修正を行えるというわけです。

git blameの表示――git-blame

ファイルの変更履歴を追跡するgit blameというコマンドがあります。各行ごとに「誰」が「いつ」コミットしたかを表示するこの機能は、プロジェク

注12　つまりgit diff --cachedと同じ表示です。
注13　つまりgit diffと同じ表示になります。

図5.10 merge-conflictsによる修正

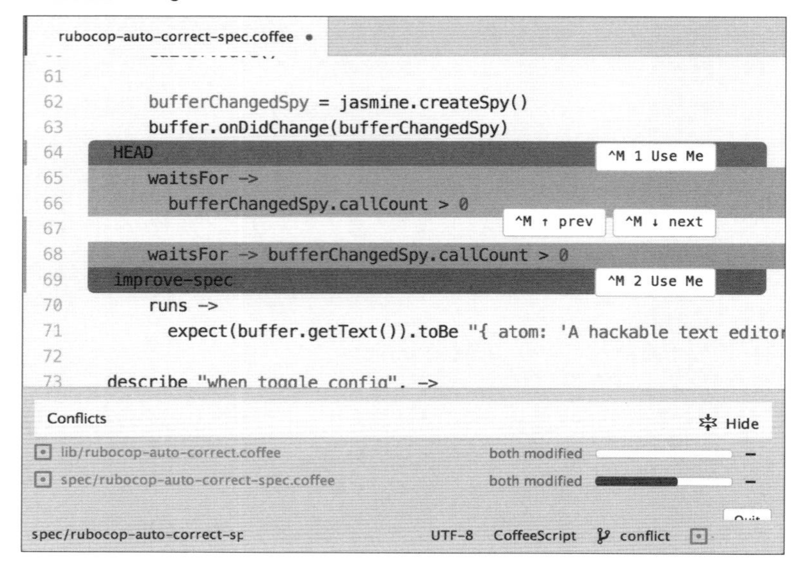

トで作業を行っている際にコードの変更意図に疑問を持ったときなどにコミットを特定することで、同時にコミットされたほかのファイルの変更などから変更理由を確認したりできます。

git-blameはこの機能を利用して、ガターの隣にコミットを表示してくれるパッケージです。`Git Blame: Toggle`(`ctrl-b`)を実行すると、編集中のファイルのblameを表示します(**図5.11**)。

ターミナルやGitHubで確認するよりも簡単にすばやく行えるようになるため、`git blame`をよく確認する人はぜひ利用してみましょう。

コミット履歴の参照——git-time-machine

git-time-machineは、編集中のファイルのコミット履歴を簡単に確認できるようにしてくれるパッケージです。`Git Time Machine: Toggle`(`alt-t`)コマンドを実行すると、**図5.12**のようにカレントファイルのコミット履歴をステータスバーの上に表示します。

図5.11 git-blameによる表示

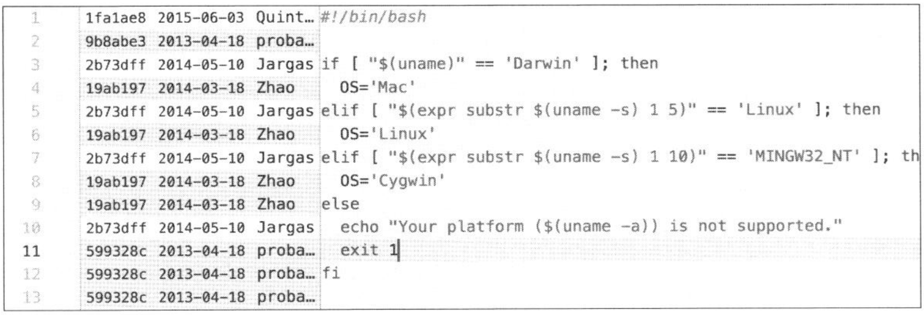

```
1   1fa1ae8 2015-06-03 Quint… #!/bin/bash
2   9b8abe3 2013-04-18 proba…
3   2b73dff 2014-05-10 Jargas if [ "$(uname)" == 'Darwin' ]; then
4   19ab197 2014-03-18 Zhao     OS='Mac'
5   2b73dff 2014-05-10 Jargas elif [ "$(expr substr $(uname -s) 1 5)" == 'Linux' ]; then
6   19ab197 2014-03-18 Zhao     OS='Linux'
7   2b73dff 2014-05-10 Jargas elif [ "$(expr substr $(uname -s) 1 10)" == 'MINGW32_NT' ]; th
8   19ab197 2014-03-18 Zhao     OS='Cygwin'
9   19ab197 2014-03-18 Zhao   else
10  2b73dff 2014-05-10 Jargas   echo "Your platform ($(uname -a)) is not supported."
11  599328c 2013-04-18 proba…   exit 1
12  599328c 2013-04-18 proba… fi
13  599328c 2013-04-18 proba…
```

図5.12 Git Time Machine: Toggleによるコミット履歴の表示

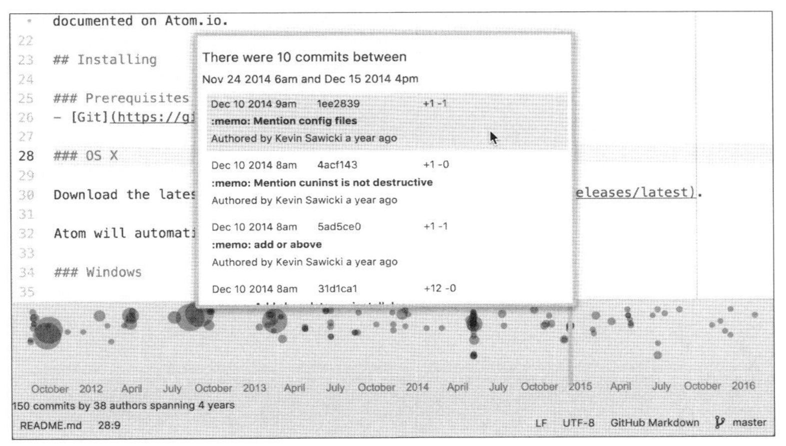

表示される履歴は、差分行数の量によって円のサイズが大きくなります。円にマウスカーソルをのせるとコミットメッセージがポップアップし、選択すると**図5.13**のように新しいペインを開いて現在のファイルとの差分を確認できます。

図5.13 git-time-machineによる差分表示

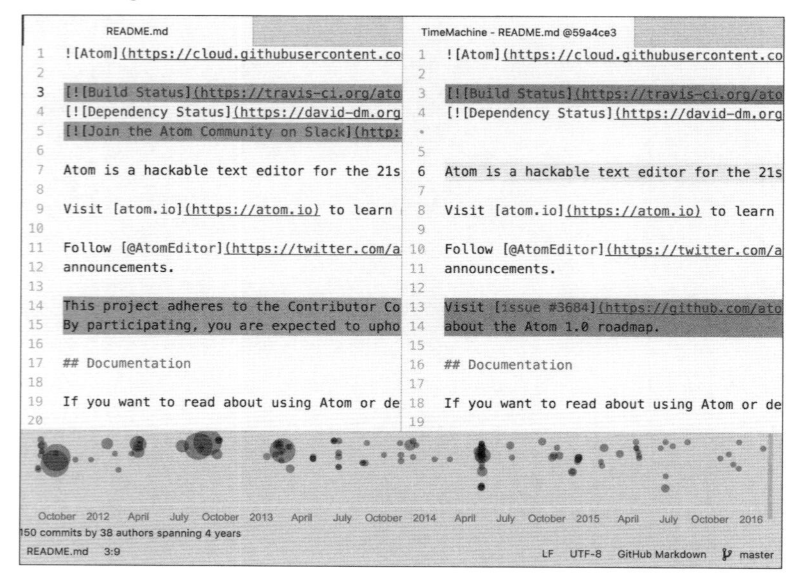

5.7 GitHubとの連携

AtomはGitHubプロダクトであるため、標準でGitHubと連携する機能を含んでいます。GitHubでソースコードを管理しているプロジェクトであれば、使いこなすことでより便利に開発を進めることができるでしょう。

GitHubページへの移動——open-on-github

open-on-githubは、編集中のファイルやプロジェクトをもとにGitHubのページを開く機能を提供してくれるコアパッケージです。コマンドはそう多くありませんので、ざっと一覧を確認してみましょう(**表5.2**)。

`Open On GitHub: Repository`と`Open On GitHub: Branch Compare`以外は、編集中のファイルからGitHubページを開くコマンドです。パッケージの設定で行番号をURLに含むかどうか設定可能となっていますので好み

表5.2 open-on-githubのコマンド

コマンド	キーバインド	説明
Open On GitHub: Repository	alt-g g	カレントプロジェクトのGitHubリポジトリページを開く
Open On GitHub: File	alt-g o	カレントバッファのGitHubページを開く
Open On GitHub: Blame	alt-g b	カレントバッファのGitHub Blameページを開く
Open On GitHub: History	alt-g h	カレントバッファのGitHub Historyページを開く
Open On GitHub: Copy Url	alt-g c	カレントバッファのGitHubページのアドレスをコピーする
Open On GitHub: Branch Compare	alt-g r	カレントブランチとGitHubのデフォルトブランチの比較ページを開く

に応じて切り替えてください。

Gistとの連携——gist

Gist[注14]はGitHubが提供しているサービスで、プロジェクトではなくファイル単体でコードをシェアできるサービスです。gistは編集中のファイルを簡単にGistへアップロードしたり、アップロードしたファイルを編集したり、挿入したりできるとても優れたパッケージです。Gistにファイルをアップロードするためにはアクセストークンが必要(取得方法については後述)となりますが、こちらはパッケージ固有設定などから行えます。

提供するコマンドは**表5.3**の3つです。

表5.3 gistのコマンド

コマンド	説明
Gist: Create Public	カレントファイルをパブリックでGistへアップロードする
Gist: Create Private	カレントファイルをプライベートでGistへアップロードする
Gist: List	Gistにアップロードしているファイル一覧を開く。tabでコンテキストメニューを開く

Gist: Create PublicとGist: Create Privateはファイル名と説明の入力を求められ、enterでアップロードが開始されます。アップロードが完

注14 https://gist.github.com

了すると、GistページのURLがクリップボードにコピーされます。

`Gist: List`を実行すると、Gistにアップロードしたファイル一覧を開くことができます。一覧が表示された状態でファイルを選択すると、カーソル位置に選択したファイルの内容が挿入されます。

ファイル一覧が表示された状態で`tab`を入力すると、コンテキストメニューに表示が切り替わります。こちらのメニューからは、Insert、Edit、Delete、Open Browserを選択することが可能となっており、ダウンロードしたファイルを編集できるほか、削除したりブラウザで開くことができます。

アクセストークンを生成するには、GitHubの「Settings→Personal access tokens」から「Personal access tokens」の右端にある「Generate new token」ボタンを押して、「Token description」の入力とgist項目にチェックが入っている状態で「Generate token」ボタンを押します。すると、遷移先のページにAPIトークンが表示されますので、こちらをコピーしてgistのパッケージ固有の設定の「Token」へ貼り付けましょう。

パッケージ固有設定の「Token」に入力したトークンはconfig.csonに保存されます。もし、config.csonにトークンを残したくない場合は、~/.atom/gist.tokenファイルにトークンを記述して保存する、もしくは、環境変数GIST_ACCESS_TOKENを定義するというオプションも用意されています。

5.8 リアルタイムプレビュー

Markdown、CoffeeScript、LESSなどのレンダリング、コンパイルする言語において、最終的な表示やコードの確認は、煩わしい作業でありながらも安心感を与えてくれるため繰り返し行うことが多いです。Atomはこの煩雑な作業を、Node.jsとブラウザの非同期処理能力によって実に快適に行う手段を用意してくれています。

Markdown——markdown-preview

markdown-previewはAtomが標準で搭載しているコアパッケージであり、Atomの中で最も人気のある機能の一つです。この機能があるためにAtomを利用しはじめたという人も多いくらいです。

提供してくれる機能は単純明快で、Markdownファイルを編集中に`Markdown Preview: Toggle(ctrl-shift-m)`を実行すると、ペインを分割してリアルタイムにHTML化されたテキストをプレビューできます(**図5.14**)。

図5.14 markdown-preview

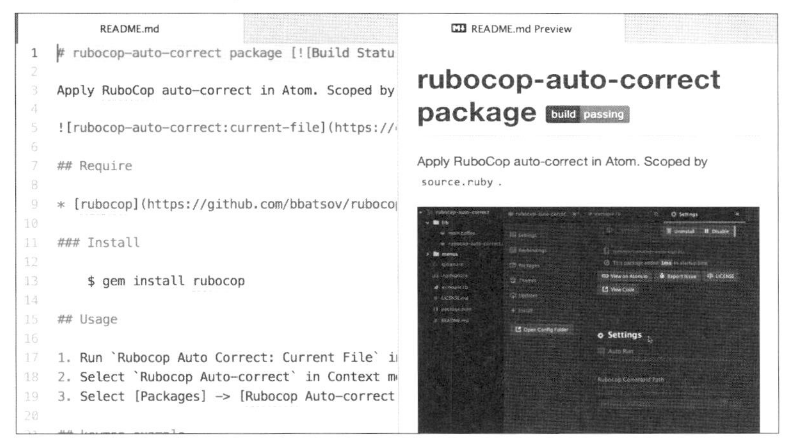

このプレビューはファイルを保存しなくても非同期に更新を行ってくれるため、Markdownによる執筆／編集作業を多く行う方にとってなくてはならない機能と言えそうです。筆者も本書をすべてAtomで執筆しましたが、markdown-previewにはたいへんお世話になりました。

なお、Atomにはmarkdown-preview以外にも同様の機能を持つマークアップ言語上のプレビューパッケージがいくつか存在していますので、簡単に紹介しておきます。

- atom-html-preview (HTML)
- asciidoc-preview (AsciiDoc)
- rst-preview (reStructuredText)

Coffee、LESS——preview

CoffeeScriptやLESSなどソースコードから別の言語を書き出す言語を総合的に取り扱い、コンパイル後の出力結果をプレビューしてくれるパッケージがその名もpreviewです。

こちらのパッケージは、`Preview: Toggle`を実行すると、**図5.15**のようにペインを分割して自動的にアクティブなペインのコンパイル結果を表示します。markdown-previewは実行したペインのみが対象であるのに対しpreviewは自動的に表示する対象を切り替えるところが異なっていますが、こちらも保存しなくてもリアルタイムに更新します。

図5.15 CoffeeScriptでPreview: Toggleを実行した結果

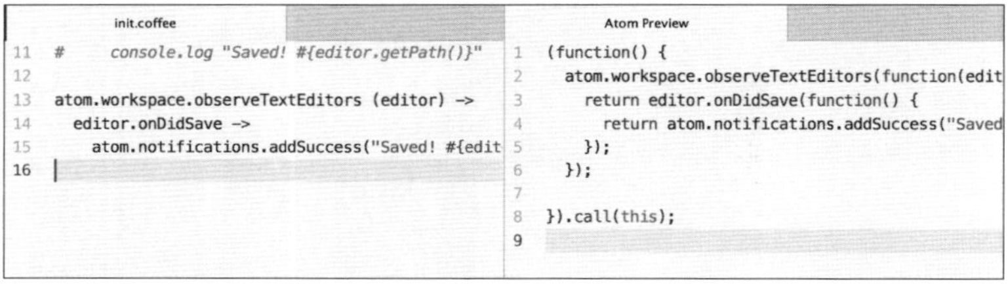

init.coffee

```
11 #     console.log "Saved! #{editor.getPath()}"
12
13 atom.workspace.observeTextEditors (editor) ->
14   editor.onDidSave ->
15     atom.notifications.addSuccess("Saved! #{edit
16
```

Atom Preview

```
1 (function() {
2   atom.workspace.observeTextEditors(function(edit
3     return editor.onDidSave(function() {
4       return atom.notifications.addSuccess("Saved
5     });
6   });
7
8 }).call(this);
9
```

使用するコンパイラは適用されているシンタックスパッケージから自動判別されるようになっていますが、`Preview: Select Renderer`コマンドからコンパイラを選択することもできます。保存前の新規ファイルなど、シンタックスパッケージが選択されていないケースで有効です。

執筆現在、previewが対応している言語は次のとおりです。

```
CoffeeScript、Literate CoffeeScript、LESS、Jade、DogeScript、TypeScript、
Stylus、DSON、React (JSX)、EmberScript、ng-classify
```

パッケージページから対応言語の状況を確認できます[注15]。

注15 https://atom.io/packages/preview#supported-languages

5.9 プログラムの実行

スクリプト言語であれば書いたコードを実行したり、プロジェクトであれば修正を加えてビルドしたりなど、要するに手元のコードを動かしたいという欲求が湧いてきます。

そのためには、通常はターミナルなどからプログラムを実行する必要があるのですが、この作業の繰り返しは集中を妨げる要因になります。そういったとき、Atomから手軽にプログラムを実行できる手段があれば、コーディングと実行をシームレスに行うことができます。ここでは、そんな連携を実現するための方法を紹介していきます。

スクリプト——script

まずは、スクリプト言語をエディタから実行してみましょう。scriptパッケージを導入すると、すぐにAtomからコードを実行できます。

現在対応している言語はパッケージのページ[注16]によると次のようになっており、30以上の言語をサポートしています。

```
1C、AppleScript、Bash、Behat Feature、C、C++、C#、Clojure、CoffeeScript、
Crystal、Cucumber、D、DOT、Elixir、Erlang、F#、Forth、Gnuplot、Go、Groovy、
Haskell、ioLanguage、Java、JavaScript、Jolie、Julia、Kotlin、LaTeX、
LilyPond、Lisp、LiveScript、Lua、Makefile、MoonScript、MongoDB、NCL#、
newLISP、Nim、NSIS、Objective-C、OCaml、Pandoc Markdown、Perl、PHP、
PostgreSQL、Python、RSpec、Racket、RANT、Ruby、Rust、Sage、Sass/SCSS、Scala、
Swift、TypeScript、Dart、Octave、Zsh、Prolog
```

コンパイラやインタプリタは付属していませんので、パスの通った場所にインストールしておいてください[注17]。

それでは、CoffeeScriptのコードを実行してみましょう。方法はとても簡単で、`Script: Run`(`cmd-i`)コマンドを実行すると、**図5.16**のように下にペインが現れてコードの実行結果と実行時間が表示されます。

注16 https://atom.io/packages/script

注17 本環境では、CoffeeScriptをコンパイルするためnpm install -g coffee-scriptコマンドによってcoffeeコマンドをインストール済みです。

図5.16 Script: Runを実行した結果

```
1  hello = (str) ->
2    console.log('Hello, '+ str)
3
4  hello 'world!'
5  |
```

```
CoffeeScript - ch05-script.coffee:5 ✔

Hello, world!
[Finished in 0.122s]
```

ちなみに、Script: Runコマンドは範囲選択中に実行すると選択しているコードのみを実行してくれます。

ビルド――build

単体のファイルではなく複数のファイルで構成されているプロジェクトをビルドしたい場合は、scriptではなくbuildの出番です。buildでは、**表5.4**のビルドツールをサポートしています。

表5.4 buildがサポートしているビルドツール

名前	解説
Custom	.atom-build.jsonによる独自定義ビルド
Node.js	npm installによるビルド。要package.json
Atom	apm installによるビルド。要package.json
Grunt	gruntによるビルド。要Gruntfile.js
Gulp	gulpによるビルド。要gulpfile.js
Elixir	mixによるビルド。要mix.exs
GNU Make	makeによるビルド。要Makefile

Node.js以下は、それぞれ必要なファイルがあれば自動的にビルドツールが選択され、ビルドを実行できます。また、たとえばRakeなど標準で用意されていないビルドツールを利用したい場合は、.atom-build.jsonにビルド手順を定義することで実現できます。つまり、事実上どんなビルドツールでも利用できるようになっています。

参考までに.atom-build.jsonを利用してRakeを利用してみましょう。

サポートしているビルドツールの場合も、ファイルを作成する以外は同じ手順です。

まず、プロジェクトルートディレクトリに.atom-build.jsonファイルを作成します。

```
{
  "cmd": "bundle",
  "args": ["exec", "rake"]
}
```

最小構成としては上記のような内容になるかと思います(コマンド一発であればcmdだけですが)。cmdは実行するコマンド、argsはコマンドに与える引数です。このファイルを用意した状態でBuild: Trigger(cmd-alt-b)を実行すると、下にペインが現れビルド処理の途中経過が出力されていきます。標準設定では、ビルドが無事に成功すれば「Build finished.」と表示されペインは閉じますが、失敗した場合は「Build failed.」と表示され、結果がそのまま残されます。

.atom-build.jsonには、ほかにも環境変数やパスなどの設定が可能になっています。詳しくはパッケージページ[注18]を確認してみてください。

なお、パッケージの設定からは、ビルド処理の出力結果を常に表示したり(Panel Visibility)、ファイル保存時に常にビルドを走らせたり(Automatically build on save)する設定も可能となっています。

5.10 テスト

近年のソフトウェア開発では、テストコードの重要性が高まりつつあります。できる限り自然体でテストと向き合いながらコードを書くためには、コードと最も身近な存在である「エディタ」と「テスト」の連携が必要だと筆者は考えます。ここでは、テストとAtomを結び付けるパッケージを紹介します。

注18 https://github.com/noseglid/atom-build#specifying-a-custom-build-command

自動実行とステータス通知——test-status

CircleCIやJenkinsなどに代表されるCI(*Continuous Integration*、継続的インテグレーション)ツールを導入しているプロジェクトでは、リポジトリ上のコードは常にテストが実行され、テストが通っているかどうか常に確認できます。TDD(*Test Driven Development*、テスト駆動開発)による開発を行う場合は、コードを変更したタイミングでより頻繁にテストを実行することになります。

通常はローカル環境でコマンドを叩いてテストを実行するわけですが、この動作をエディタと連携してくれるパッケージがtest-statusです。

test-statusをインストールすると、Atomのステータスバーに黒色の[注19]アイコンが表示されます。test-statusは何も設定しなくてもテストコードのあるプロジェクトでファイルを保存すると、自動的にテストが実行されアイコンが黄色になります。そして、テストが通るとアイコンが緑色に、テストが失敗すると赤色に変化して、作業中のプロジェクトのテスト状態を常に通知してくれるのです。

パッケージ設定では、自動的にテストを実行する標準動作を変更できます。自動的に実行してほしくない場合は「Autorun」のチェックを外しましょう。テストを手動で行うには`Test Status: Run Tests`を実行します。なお、アイコンをクリックするか`Test Status: Toggle Output`を実行すると、**図5.17**のように下にペインが現れテスト結果の出力を表示して確認できます。

図5.17 test-statusの結果出力

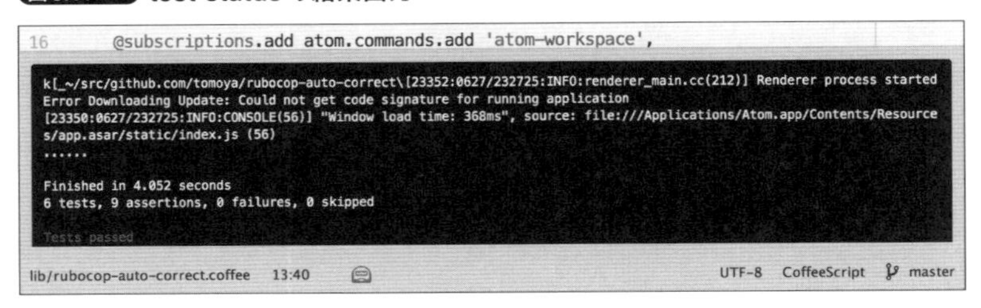

テストを自動的に実行するしくみについて解説しておくと、test-statusをインストールすると~/.atom/test-status.csonファイルが作成されます。

注19 暗いテーマの場合は白色になります。

このファイルの中には、テストの存在を調べるためのファイルパス(正しくはグロブ)と、対応するテストを実行するコマンドが記述されています。もしこちらに記述されていないテスティングフレームワークを利用している場合、ここへ追記するとtest-statusに対応させられますので覚えておきましょう。

Travis CIやCircleCIとの連携——travis-ci-status、circle-ci

Travis CIやCircleCIによる自動テストを導入している場合、何らかの方法でテスト結果を確認します。その代表的な確認手段はと言えば、サービスサイトから直接確認する以外にも、GitHub、メール、チャット、OSの通知などが挙げられますが、Atomからも確認が可能です。

travis-ci-statusとcircle-ciは、それぞれのサービスから現在ブランチの最新ステータスを確認し、Atomのステータスバーに表示してくれます。なお、プライベートリポジトリでサービスを利用している場合は、アクセストークン(APIトークン)の登録が必要になります。それぞれパッケージ設定から登録できるようになっていますので、サービスサイトから取得して登録してください。

circle-ciはビルド番号をクリックすると、ビルドレポートページをブラウザで開きます。travis-ci-statusは時計アイコンをクリック、もしくは`Travis CI Status: Toggle Build Matrix`コマンドからビルド番号と実行時間を確認でき、`Travis CI Status: Open On Travis`コマンドからビルドレポートページをブラウザで開くことができます。

このパッケージを利用すると、git-plusを利用していればAtomからリモートリポジトリへコードをpushして、そのままAtomで作業を継続しながらCIのステータスを確認するという作業スタイルを実現できるようになります。テストに馴染みがない方も、これらのパッケージを活用することで自然にテストを行っていけることでしょう。

5.11 ターミナル

Emacsの時代から、ターミナルではないソフトウェアからターミナルを扱うことは、何でもできるソフトウェアの証明という風潮がありました。たとえば、ChromeにもSecure Shell[注20]というターミナルを実装した拡張がありますが、当然ながらAtomにもあります。

ターミナルエミュレーター——term3

Atom上でターミナルを実装したパッケージはいくつか存在していますが、その中でも現時点で最も完成度の高いパッケージがterm3です。Term3: Openを実行すると、**図5.18**のように通常のターミナルの環境設定をそのままに、Atomの中にターミナルのペインが開きます。

図5.18 term3

```
Terminal (zsh)
tomoya@mbp-2013 (git:master)% ls -l          [~/src/github.com/tomoya/rubocop-auto-correct] 23:41
total 64
-rw-r--r--  1 tomoya  staff   843  6 13 15:52 CHANGELOG.md
-rw-r--r--  1 tomoya  staff    45  6 13 06:44 Gemfile
-rw-r--r--  1 tomoya  staff   473  6 13 05:11 Gemfile.lock
-rw-r--r--  1 tomoya  staff  1056  4 28 22:07 LICENSE.md
-rw-r--r--  1 tomoya  staff  2015  6 13 16:46 README.md
drwxr-xr-x  4 tomoya  staff   136  6 27 18:26 lib
drwxr-xr-x  3 tomoya  staff   102  4 28 15:12 menus
drwxr-xr-x  6 tomoya  staff   204  6 13 02:23 node_modules
-rw-r--r--  1 tomoya  staff   521  6 27 18:23 package.json
drwxr-xr-x  4 tomoya  staff   136  6 27 18:26 spec
-rw-r--r--  1 tomoya  staff  4644  6 27 23:27 tags
tomoya@mbp-2013 (git:master)%                [~/src/github.com/tomoya/rubocop-auto-correct] 23:42
```

キー入力についても特に問題なく操作できすばらしい出来栄えなのですが、1点筆者が問題を感じているのは、標準で提供されているキーバインドがAtom標準のキーバインドを一部上書きしてしまっていることです。

たとえば、ctrl-kはEditor: Cut To End Of Lineが割り当てられていますが、term3はこちらのキーをプレフィックスキーとして使用しています。そのため、ctrl-kを実行した際、Editor: Cut To End Of Lineがうまく動作しなくなります。ctrl-kを頻繁に利用する筆者にとっては重大な問題です。

注20 https://chrome.google.com/webstore/detail/pnhechapfaindjhompbnflcldabbghjo

同じ悩みを持った方は、パッケージ固有設定からキーバインドを無効化して、必要なものだけkeymap.csonへコピーして利用すると良いでしょう。

5.12 Ruby on Rails

Ruby on Rails(以下Rails)を利用した開発をサポートしてくれるパッケージを紹介します。Atomの開発元であるGitHubはRailsによって開発されていることで有名ですが、そんなGitHubが作ったエディタということもあり、AtomにはRails開発をサポートするパッケージも豊富です。

ここで紹介するパッケージはその中の一部ですので、興味のある方は「Rails」で検索してみてください。

フレームワーク内の移動——rails-transporter

RailsなどのWAF(*Web Application Framework*)ではModel、View、Controller、Testなどのファイルを頻繁に横断します。rails-transporterはフレームワーク内の移動をサポートしてくれるパッケージです。それぞれの機能を**表5.5**にまとめました。

Atom標準のファイル移動機能も便利ですが、rails-transporterに慣れてくるとさらに快適にファイルを移動できるようになるでしょう。

Rails向けスニペット集——rails-snippets

Railsでは通常のRubyコードと異なる記法が多くありますが、そういった記法の入力支援をしてくれるパッケージが、Rails向けのスニペットをまとめたrails-snippetsです。

パッケージページ[注21]では、フォームを生成する`form_for`を支援する動画などが紹介されています。シンタックスが「Ruby On Rails」になっているとき、`form_for`とタイプして`tab`を入力すると、次のようなスニペット

注21　https://atom.io/packages/rails-snippets

表5.5 rails-transporterの機能一覧

コマンド	キーバインド	説明
Rails Transporter: Open Controller	ctrl-r c	対応するコントローラファイルを開く
Rails Transporter: Open View Finder	ctrl-r v f	ビューファイル一覧を開く
Rails Transporter: Open View	ctrl-r v	対応するビューファイルを開く
Rails Transporter: Open Layout	ctrl-r l	対応するレイアイトファイルを開く
Rails Transporter: Open Model	ctrl-r m	対応するモデルファイルを開く
Rails Transporter: Open Helper	ctrl-r h	対応するヘルパーファイルを開く
Rails Transporter: Open Spec	ctrl-r s	対応するスペックファイルを開く
Rails Transporter: Open Partial Template	ctrl-r p	対応するパーシャルファイルを開く
Rails Transporter: Open Asset	ctrl-r a	対応するアセットファイルを開く
Rails Transporter: Open Migration Finder	ctrl-r d m	マイグレーションファイル一覧を開く
Rails Transporter: Open-factory	ctrl-r f	対応するファクトリファイルを開く

が展開されるようになっています。文字数にして実に112文字も省略できました。

```
<%= form_for カーソル位置 do |f| %>
  <%= render "shared/errors" %>
  <%= f.text_field :field_1, class: ":form-control" %>

<% end %>
```

登録されているスニペット一覧は、パッケージ設定から確認できます。大量に登録されていますので、ざっと目を通してみて使えそうなものをピックアップして試してみるとよいでしょう。

5.13 ビューア

AtomはChromiumをベースとしているため、みなさんのご想像どおり標準でテキストファイル以外にも画像ファイルを表示できます。しかし、それ以外にもさまざまなファイルを表示することも可能となっています。

PDFビューア——pdf-view

ChromeはPDFを表示できますが、Atomはあくまでレンダリングエンジンとして Chromiumを利用しているため、PDFを表示する機能は備わっていません。しかし、pdf-viewパッケージをインストールすると、pdf.jsを利用したPDFビューアが利用できるようになります。

PDFビューアでは`Pdf View: Zoom In`(`cmd-+`)と`Pdf View: Zoom Out`(`cmd--`)で拡大/縮小、`Pdf View: Reset Zoom`(`cmd-0`)で元に戻すこともできます。手軽にPDFを閲覧する手段としてぜひインストールしておくとよいでしょう。

APIドキュメントビューア——api-docs

api-docsは、DevDocs[注22]というさまざまな言語やライブラリなどの仕様を横断検索できるサービスを利用して、Atomから各種APIを検索できるパッケージです。

`Api Docs: Search Under Cursor`(`ctrl-d`)コマンドを実行すると、カーソル位置の単語を検索ワードとしてコマンドパレットUIにDevDocsの検索結果を表示し、項目を選択すると分割したペインに検索結果を表示します。

パッケージ設定から検索対象とする言語やライブラリを設定できるようになっているため、必要に応じて設定を変更するとよいでしょう。

注22 http://devdocs.io/

第 6 章

Chrome Developer Toolsの使い方とAtomのDOM

6.1 Chrome Developer Toolsとは

Chrome Developer Tools(以下DevTools)は、今となってはWeb開発者にとってすっかりお馴染みとなったWeb作成、およびデバッグツールです。AtomではChromeと同じDevToolsを利用できます。

本書はWeb開発ではなくエディタの解説書なのですが、Atomをより楽しく、より高度に、そしてより便利にカスタイズするためには、DevToolsの助けが必要となります。そこで本章では、まず簡単にDevToolsの使い方を説明したあと、Atomの内部のより深い部分について解説していきます。

普段からDevToolsを利用している方にとっては前半は既知の内容となってしまいますが、まだご存じない方にとっては、Atomだけに限らずWeb開発にとっても便利なツールですので、ここで使い方を覚えるときっとあなたの役に立つでしょう。

6.2 DevToolsのパネルと機能

DevToolsはViewメニューの「Developer」→「Toggle Developer Tools」か、`Window: Toggle Dev Tools`(`cmd-alt-i`)から起動、および終了できます。

起動したDevToolsは**図6.1**のようになっています。右上の❶のアイコンを押すと表示位置をウィンドウ右と下に切り替えることができ、長押しするとウィンドウから切り離すことができます。

図6.1 DevTools

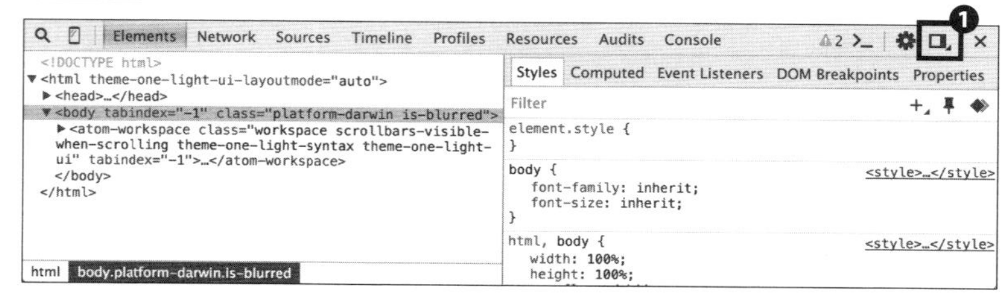

ウィンドウの上部には、ElementsからConsoleまで8つのパネルがあり、それぞれ便利な機能が備わっていますので、まずはこれらの機能から説明していきます。

Elementsパネル

Elementsパネルは、Atomのウィンドウを構築しているさまざまな情報を確認する機能を提供しています。もっと具体的に言えば、DOM(*Document Object Model*)ツリー、CSSのスタイル、DOMノード[注1]に割り当てられたJavaScriptのイベントリスナなどを調査、変更することが可能です。

提供する機能一覧、および画面の見方について**図6.2**にまとめましたので、こちらを確認してください。

図6.2 Elementsパネルの画面説明

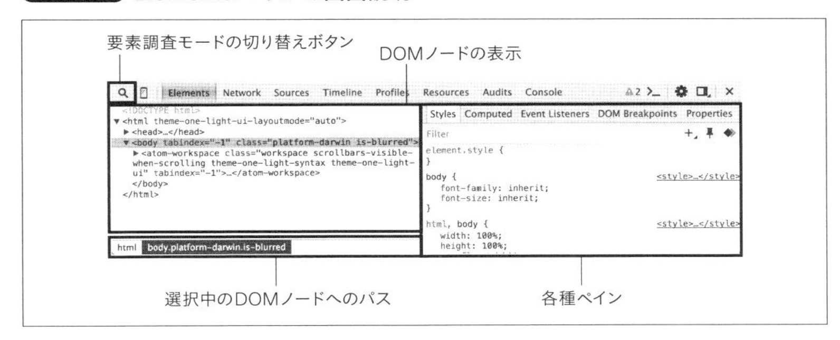

ElementsパネルをAtomのウィンドウをスクロールすると、Atomウィンドウ内のDOMがめまぐるしく変化する様子を確認できます。

DOMノードの数が増えると、ブラウザのレンダリングに多大な負荷がかかり、その結果パフォーマンスが著しく低下するという問題があります。その解決のため、Atomでは仮想DOM(Virtual DOM)を利用して、表示に必要なDOMのみを実際のDOM(Actual DOM)としてDOMツリーに出

注1　HTMLはブラウザで処理(レンダリング)されるたびに、HTMLタグをDOMノードへと変換し、親子関係を整理してDOMツリーを構築します。HTMLはただのテキスト情報ですが、DOMノードはJavaScriptから見てオブジェクトとして扱うことができます。詳しくは次のGoogle Developersの記事が参考になります。
https://developers.google.com/web/fundamentals/performance/critical-rendering-path/constructing-the-object-model?hl=ja

現させ、高いパフォーマンスを実現しています。

Elementsパネルでは DOMの状態をリアルタイムで確認できるため、JavaScriptによるDOM操作、およびCSSによるスタイル変更などのデバッグでとても重要な役割を担っています。そのため、こちらの機能については「要素選択と各種ペインから取得可能な情報」(166ページ)で詳しく解説します。

Networkパネル

Networkパネルは、表示しているWebページから発行されるHTTPリクエストの種類や、レスポンスの確認に用いられます。

あくまで表示しているHTMLから発行させるリクエスト、つまりimgタグなどによる外部データの読み込みのみを対象とするため、主にNode.jsなどを利用して表示している画面と関係のない場所で通信を行うAtomの場合、このパネルからは検知できません。

そのため、Atomにおいてはこのパネルの機能はあまり必要としないでしょう。

Sourcesパネル

Sourcesパネルは、表示しているWebページで読み込んでいるファイルを確認できるようになっています。Atomの場合は、表示しているバッファではなく、Atomを構成しているJavaScriptファイルが主にその対象となります。

パッケージを作成した際にログを仕込んだ場合やエラーが発生した場合などには、後述するConsoleパネルにファイル名と行番号がメッセージと合わせて出力され、ファイル名をクリックして参照されるファイルはこちらのパネルから閲覧することになります。

ブレークポイントなどを利用したJavaScriptのデバッグを行う場合も、こちらのパネルにてコードを確認しながらステップ実行していくことになります。

Timelineパネル

Timelineパネルは、レンダリングのパフォーマンス測定に利用します。Atomの場合はバッファを表示する際、ブラウザエンジンがどのような処理を行っていて、どれくらいの時間がかかっているのかを詳しく調査できます。

こちらの詳しい使い方は「タイムラインによる測定」(178ページ)で解説します。

Profilesパネル

Profilesパネルも、Timelineパネルと同様にパフォーマンス測定に利用しますが、こちらはJavaScriptの実行によるCPU負荷を計測します。

こちらの使い方については「プロファイラによる測定」(177ページ)で詳しく解説します。

Resourcesパネル

Resourcesパネルからは、ブラウザに保存されているキャッシュやCookieなどの情報を確認できます。

Atomでとりわけ使われているのはlocalStorageで、Atom本体やパッケージの更新情報などを管理するのに利用されています。

パッケージを作成する場合、必要に応じてlocalStorageを利用できますので、情報が正しく格納されているかどうかを確認する際はこちらから確認するとよいでしょう。

Auditsパネル

Auditsパネルは、ブラウザから見たNetwork Utilization(ネットワークの利用)とWeb Page Performance(主にCSSの利用に関するパフォーマンス)という2つの項目を検査してくれる機能を持っています。

パネル下部にある「Run」ボタンを押すと検査を実行し、完了するとRESULTSメニューから調査結果を確認できます。

Atomの場合、パフォーマンスなどの最適化はCSSよりもJavaScriptが重要となるため、こちらの機能はあまり利用することはないでしょう。

Consoleパネル

Consoleパネル(**図6.3**)は、DevToolsが提供する対話型のJavaScript実行環境です。Node.jsを採用しているAtomの場合、基本的な使い方はターミナルでnodeコマンドを実行する場合と同じになっています。

図6.3 ConsoleパネルからJavaScriptを実行

JavaScriptを利用したWeb開発を行う場合必ず利用することになる機能であるため、Atomでもパッケージを開発する場合にはとても頼りにする存在となっています。こちらは「JavaScriptの実行と確認」(175ページ)で詳しく解説しています。

6.3 要素選択と各種ペインから取得可能な情報

Elementsパネルから各要素を選択すると、ブラウザによってレンダリングされたDOMノードの情報を詳しく調べることができます。

要素を選択する方法は、主に次の2つを利用します。

- **虫めがねアイコンをクリックして、画面上の要素をクリックする**
- **ElementsパネルのDOMツリーから要素を選択する**

要素を選択すると、右側のペインに要素から取得できる情報が表示されます。また、選択した要素は、要素自身を複製/削除したり、ツリー上の位置を変更したり、属性値/タグ/その中身を自由に編集して変更することも可能です。

要素を変更するには、編集したい箇所をダブルクリックする、もしくはコンテキストメニューから「Edit Attribute」や「Edit as HTML」などを選択して編集します。ドラッグ&ドロップすると、要素のツリー上の位置を変更できます。

なお、Elementsパネルから DOM ツリーの情報を編集しても、ファイルは一切変更されません。実際のファイルと Atom に表示されている HTML は別物だと考えてください。

要素の選択方法を学んだところで、次は要素から取得できる情報を詳しく解説していきます。

Stylesペイン

Stylesペイン(**図6.4**)は、選択中の要素に適用されているCSSを確認、編集する機能を提供しています。

図6.4 Stylesペイン

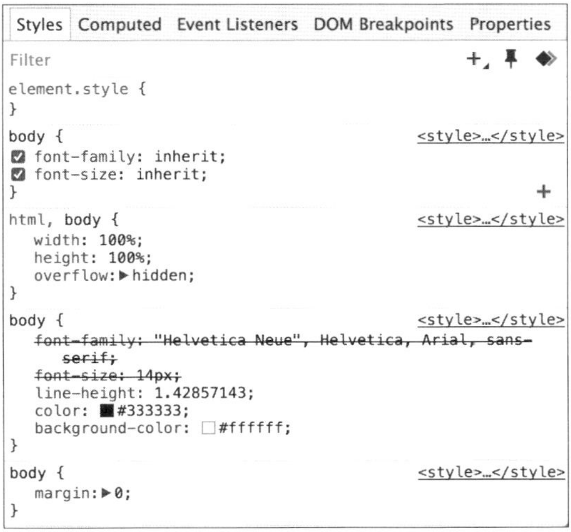

```
Styles  Computed  Event Listeners  DOM Breakpoints  Properties
Filter
element.style {
}
body {                                          <style>…</style>
  font-family: inherit;
  font-size: inherit;
}
html, body {                                    <style>…</style>
  width: 100%;
  height: 100%;
  overflow:▶hidden;
}
body {                                          <style>…</style>
  font-family: "Helvetica Neue", Helvetica, Arial, sans-
     serif;
  font-size: 14px;
  line-height: 1.42857143;
  color: #333333;
  background-color: #ffffff;
}
body {                                          <style>…</style>
  margin:▶0;
}
```

こちらに表示されているCSSセレクタ、プロパティ、バリューは、すべてクリックして編集できます。また、新たなプロパティとその値を追加することも可能です。

打ち消し線が入っているプロパティは、別の場所の指定によって上書きされ非適用の状態であることを示しています。プロパティにマウスカーソルをのせると、左にチェックボックスが表示されます。このチェックボックスのチェックを外すと、プロパティに打ち消し線が引かれ、非適用の状態へと変更することが可能となっています。

第7章「スタイルのカスタマイズ」(210ページ)などでAtomのスタイルを自分で編集する際は、この機能を利用して、自分が指定したスタイルが正しく要素に適用されているか、もし適用されていない場合は何が原因なのか[注2]を調べることができます。

Computedペイン

Computedペイン(**図6.5**)は、Stylesペインに表示されていた選択中の要素に適用されているCSSが、レンダリングの結果最終的にどのような値に確定され反映されているのかを確認できるようになっています。表示位置がウィンドウ右にある場合は、Stylesペインを選択したとき右側に表示されます。

図6.5 Computedペイン

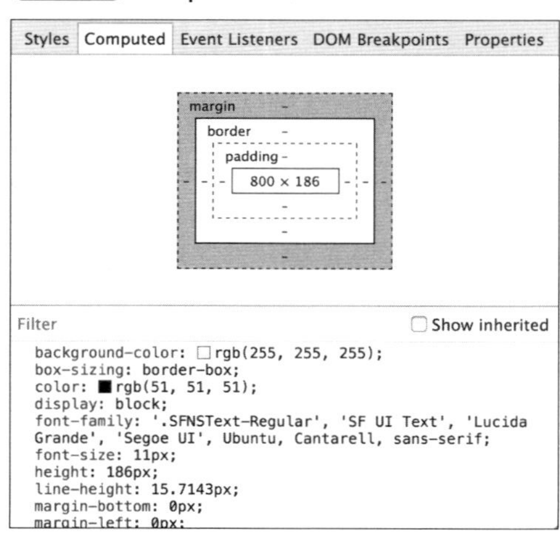

注2 CSSセレクタの指定が間違っている、ほかのスタイルによって上書きされているなどが考えられます。

CSSはブラウザのデフォルト値、継承[注3]、カスケード[注4]など、直接指定されていない値も計算に反映され、最終的な計算結果に影響を及ぼします。そのため、もし表示結果が意図しない状態となっている場合は、こちらを確認してみるとよいでしょう。

なお、「Show inherited」のチェックを外すと、継承しているプロパティ[注5]を非表示にできます。

Event Listenersペイン

Event Listenersペイン(**図6.6**)は、選択中の要素に関連付けられているイベントリスナを確認できるようになっています。

図6.6 Event Listenersペイン

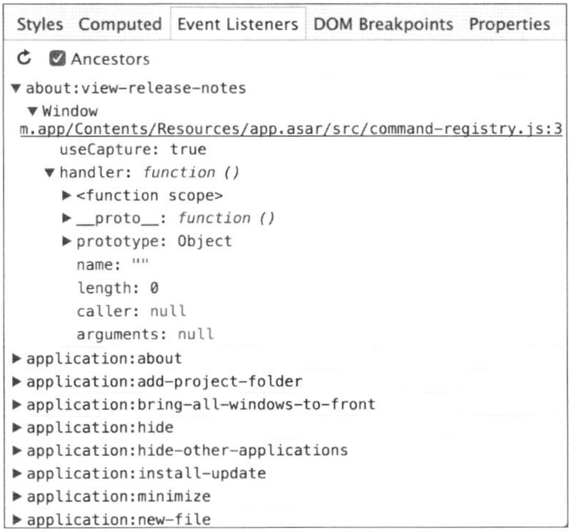

```
Styles  Computed  Event Listeners  DOM Breakpoints  Properties
 ☑ Ancestors
▼about:view-release-notes
  ▼Window
 m.app/Contents/Resources/app.asar/src/command-registry.js:3
     useCapture: true
   ▼handler: function ()
     ▶<function scope>
     ▶__proto__: function ()
     ▶prototype: Object
      name: ""
      length: 0
      caller: null
      arguments: null
▶application:about
▶application:add-project-folder
▶application:bring-all-windows-to-front
▶application:hide
▶application:hide-other-applications
▶application:install-update
▶application:minimize
▶application:new-file
```

Event Listenersペインのトップレベルには、イベントの種類が表示されます。各イベントをクリックするとイベントハンドラの一覧が表示され、イベントハンドラをクリックするとuseCaptureフラグとコールバック関

注3　親要素への指定を子要素が引き継ぐしくみです。

注4　さまざまなファイルやCSSセレクタによる指定の優先順位を決定するしくみです。

注5　継承しているプロパティとは親要素への指定を受け継いでいるプロパティのことで、Computedペインでは薄い表示になっています。

数を確認できるようになっています。

デフォルトでは選択中の要素の祖先が持つイベントハンドラも表示されていますが、「Ancestors」のチェックを外すと選択中の要素が持つイベントハンドラのみを絞り込んで表示させることができます。

DOM Breakpointsペイン

DOM Breakpointsペイン(**図6.7**)は、Elementsパネルから要素にセットしたDOMブレークポイントを管理できる画面です。DOM要素の変更をトリガとして、JavaScriptの実行を一時停止します。

図6.7 DOM Breakpointsペイン

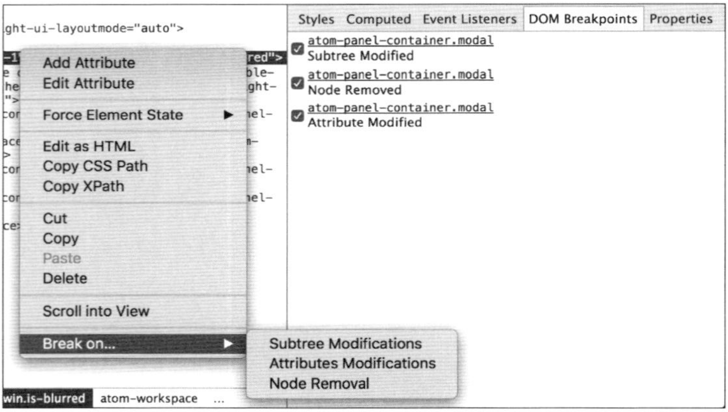

DOMブレークポイントは、Elementsパネルの要素のコンテキストメニュー「Break on...」から次の3つの変更に対してセットできます。

- **サブツリーの変更(Subtree Modifications)**
- **属性値の変更(Attributes Modifications)**
- **DOMノードの削除(Node Removal)**

セットしたDOMブレークポイントをトリガとしてJavaScriptの実行が停止されると、**図6.8**のようにSourcesパネルに実行中のコードが表示され、継続、ステップオーバー/イン/アウトなどの実行コントロールを利用したデバッグを行うことができます。

図6.8 DOMブレークポイントによるデバッグ

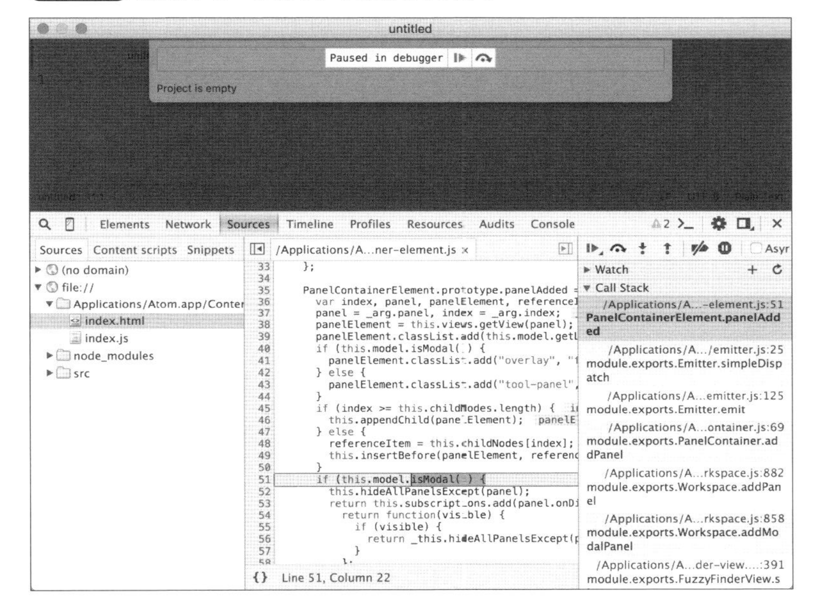

Propertiesペイン

Propertiesペイン(**図6.9**)は、選択中の要素が持つプロパティ、イベントハンドラ、メソッドなどの一覧を確認できる画面です。

図6.9 Propertiesペイン

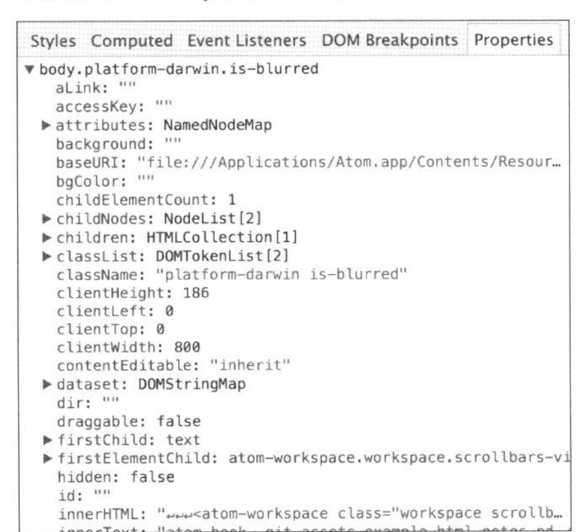

主にJavaScriptでDOMを扱う際、要素のプロパティを確認したい場合はこちらから見るとよいでしょう。

6.4 スタイル

一通りDevToolsの説明をしてきましたが、ここからは本書の肝となるAtomをカスタマイズするうえで頻繁に利用する機能について、さらに深く掘り下げていきます。

ここでは要素に割り当てられたスタイルの調査と、スタイルの編集方法を解説していきます。

スタイルの調査

まずはスタイルの調査です。これは要素調査モードを使って、調べたい要素をクリックして調査します。

図6.10はMarkdownファイルの見出し1の要素をクリックした状態のDevToolsです。Stylesペインから、この要素に適用されているCSSを確認できます。

StylesペインからCSSを確認できるのであれば、そのまま適用状態を確認しながらスタイルの編集ができると便利です。Stylesペインはスタイル編集機能も備えています。

Stylesペインからのスタイル編集は実際のCSSファイルを編集するわけではないためファイルには保存されませんが、CSSセレクタの指定場所、使用するプロパティ、細かい数値の調整などにはとても重宝する機能です。

スタイルの編集

Stylesペインからスタイルを編集するには、次の2つの方法があります。

ⓐ既存のCSSセレクタにスタイルを追加、変更する
ⓑ新規のCSSセレクタを追加してスタイルを追加する

図6.10 Markdownの見出し要素の検証

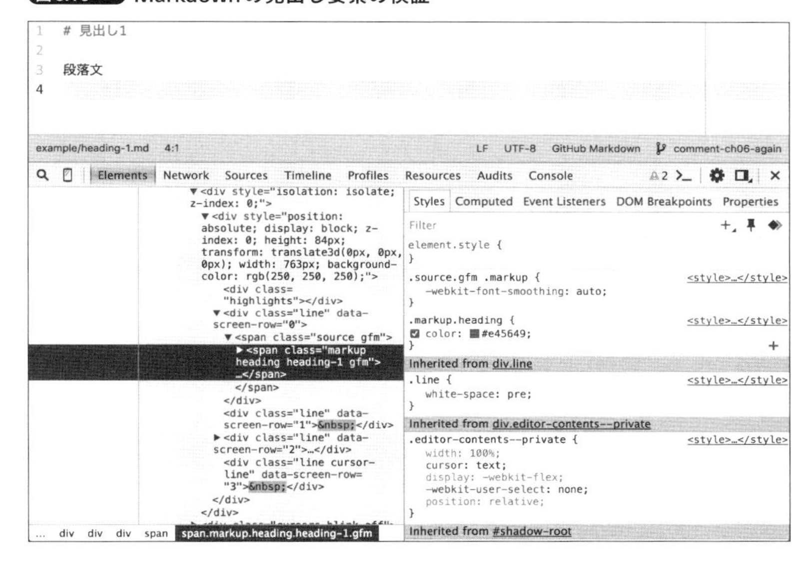

まずⓐの方法ですが、こちらは要素調査モードで表示したスタイルをクリックして編集を開始します。

図6.11のように、プロパティもしくは値をクリックするとそれぞれの項目を編集できるようになり、それ以外の場所をクリックすると新しいプロパティを追加できるようになっています。

図6.11 既存のCSSセレクタのスタイル編集

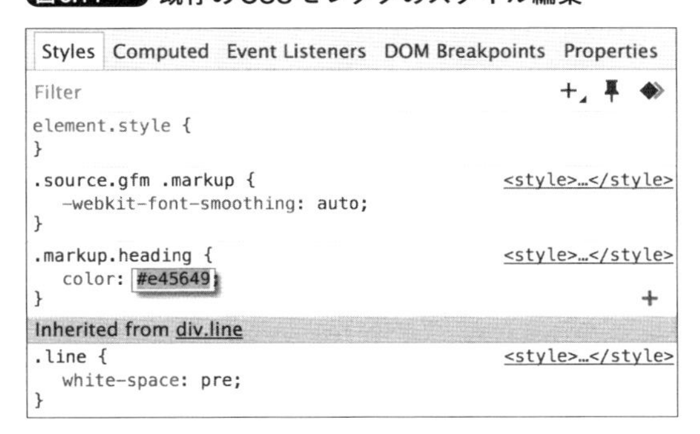

次にⓑの方法ですが、こちらは**図6.12**のプラスアイコンをクリックする

ことで、任意のCSSセレクタを追加できます。

図6.12 新規のCSSセレクタを追加する

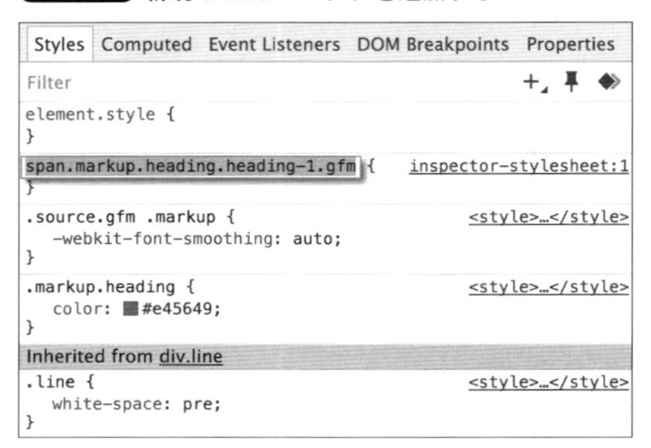

なお、スタイルにマウスカーソルをのせるとプロパティの左にチェックボックスが表示され、チェックを外すことで**図6.13**のようにスタイルを一時的に未適用状態に変更することも可能になっています。

図6.13 スタイルを未適用状態にする

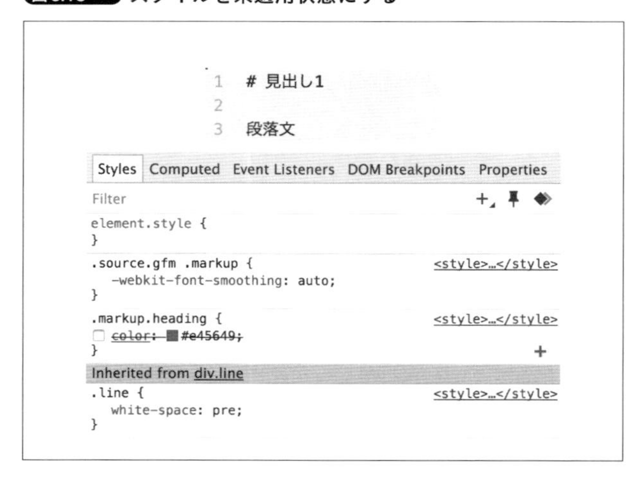

6.5 JavaScriptの実行と確認

JavaScriptによって機能が作られているAtomは、Atom自体がJavaScriptの実行環境となっています。通常、プログラムのコードを実行するには、ファイルをインタプリタに読み込ませて実行したり、ターミナルのような対話型インタフェースから実行します。

ここでは、DevToolsが提供している対話型インタフェースからのJavaScript実行方法を解説します。

Consoleパネルからの実行

図6.3(166ページ)は、変数messageに"world"を代入して、console.log関数を使ってConsoleパネルへと出力した状態です。エラーが発生すると、赤色の文字でエラー内容が出力されます。また、Consoleパネルでは自動補完機能が有効になっており、変数名や関数名などを自動的に補完してくれるようになっています。

Consoleパネルは単なるJavaScriptの実行環境ではなく、あくまでAtomが動作している環境です。そのため、Atomが提供する各種APIを利用することも可能となっています。

たとえば、次のようなコードを実行することで、編集中のバッファに対してConsoleパネルから操作できます。

```
editor = atom.workspace.getActiveTextEditor()
editor.insertText("Hello, world!")
```

実行すると**図6.14**のようにバッファに表示されます。

ちなみに、行末の;(セミコロン)は付けなくてもかまいません。表示されている内容を消去したい場合は、`clear()`を実行するか`ctrl-l`を入力します。

図6.14 Consoleパネルから Atomバッファへテキストを挿入

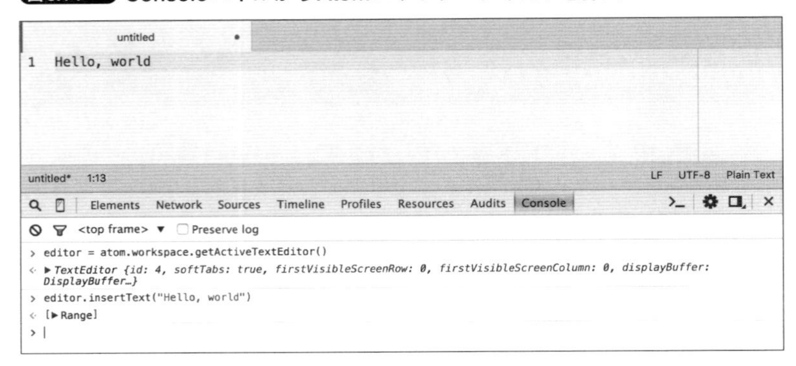

Consoleパネルへの出力

Atomのパッケージを作成したり、コードを使ってAtomを拡張したい場合、コード中にconsole関数を記述しておくと、実行時にConsoleパネルへと出力されるようになっています(**図6.15**)。

図6.15 init.coffeeからConsoleパネルへの出力

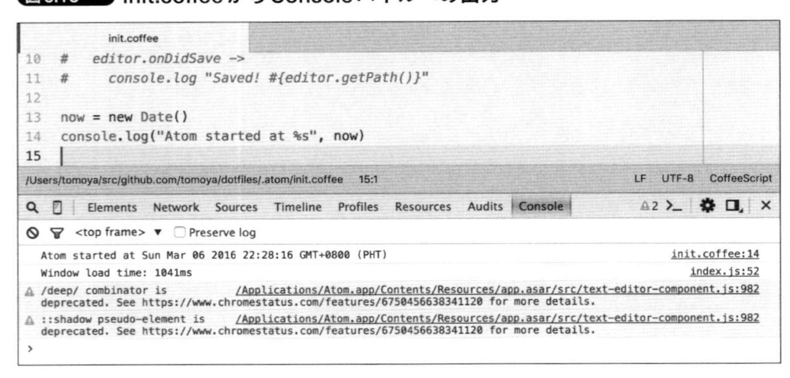

この機能を利用することで、一般的なprintデバッグを行うことができます。よく利用されるconsole関数は`console.log()`と`console.error()`の2つです。詳しくはNode.jsのマニュアル[注6]を参照してみてください。

注6　https://nodejs.org/api/console.html

6.6 パフォーマンス測定

本格的にAtomを改良したい場合、パフォーマンスを測定する必要が出てくるかもしれません。Atomは単にJavaScriptで記述されたコードを実行するだけでなく、画面上に描画するため、BlinkによってHTMLとCSSをレンダリングします。そのため、必要に応じてレンダリング処理にかかる負荷を調査するケースも考えられます。

コードの実行速度(計算時間)に関しても、タイマーによる測定ではボトルネックの特定が難しい場合がありますし、そもそもレンダリング処理はNode.js環境の外にあるため、タイマーを仕込むことができません。そこで活躍するのが、DevToolsのTimelineパネルとProfilesパネルです。

プロファイラによる測定

Profilesパネルが提供する機能は、一般的にプロファイラと呼ばれる機能です。測定を開始してから終了するまでの間、実行されたJavaScriptの関数と計算にかかった時間を記録し続け、サマリを作成してくれます(**図6.16**)。

図6.16 Profilesパネルによる測定結果

Elements Network Sources Timeline Profiles Resources Audits Console
Profiles
CPU PROFILES
Profile 1 Save
Heavy (Bottom Up)

Self		Total		Function	
1924.2 ms		1924.2 ms		(idle)	
60.2 ms	4.67%	60.2 ms	4.67%	(program)	
60.2 ms	4.67%	277.1 ms	21.50%	▼Module._co...	/Applications/Atom.app/Contents/Resources/a
59.0 ms	4.58%	259.0 ms	20.09%	▼Object.defineProperty.v...	/Applications/A...e-cache.js:205
59.0 ms	4.58%	259.0 ms	20.09%	▼Module.load	module.js:344
59.0 ms	4.58%	259.0 ms	20.09%	▼Module._load	module.js:269
33.7 ms	2.62%	241.0 ms	18.69%	▼Module.require	module.js:361
32.5 ms	2.52%	238.6 ms	18.50%	▼require	/Applications/A...le-cache.js:48
30.1 ms	2.34%	201.2 ms	15.61%	▶Module._c...	/Applications/A...le-cache.js:44
1.2 ms	0.09%	1.2 ms	0.09%	▶module.e...	/Applications/A...ib/main.js:116
1.2 ms	0.09%	3.6 ms	0.28%	▶module.ex...	/Applications/A...lib/main.js:33
0 ms	0%	1.2 ms	0.09%	▶module.e...	/Applications/A...ronment.js:281
0 ms	0%	8.4 ms	0.65%	▶modul...	/Applications/A...ronment.js:968
0 ms	0%	208.4 ms	16.17%	▼module.e...	/Applications/A...on-window.js:1
0 ms	0%	208.4 ms	16.17%	▼setupWindow	index.js:64
0 ms	0%	208.4 ms	16.17%	window.onload	index.js:9
0 ms	0%	6.0 ms	0.47%	▶module.e...	/Applications/A...ib/main.js:184
0 ms	0%	1.2 ms	0.09%	▶module...	/Applications/A...ider-mana...:130
0 ms	0%	1.2 ms	0.09%	▶module....	/Applications/A...ground-tips...:2
0 ms	0%	2.4 ms	0.19%	▶module.ex...	/Applications/A...lib/main.js:30
0 ms	0%	1.2 ms	0.09%	▶(anonymo...	/Applications/A...lib/main.js:26

「Self」カラムは関数単体の計算にかかった時間、「Total」カラムは関数の総実行回数でかかった時間です。これにより、頻繁に利用されることで負荷が高くなっている処理だけでなく、まれに実行されて高い負荷をかけている処理も把握できます。

タイムラインによる測定

Timelineパネルは、Blinkによるレンダリング処理を含めて測定できます。測定を開始すると、処理内容をLoading（ファイルの読み込みなど）、Scripting（JavaScriptの実行）、Rendering（レンダリング処理）、Painting（描画処理）の4つに分類して詳細を記録します（**図6.17**）。

図6.17 Timelineパネルによる測定結果

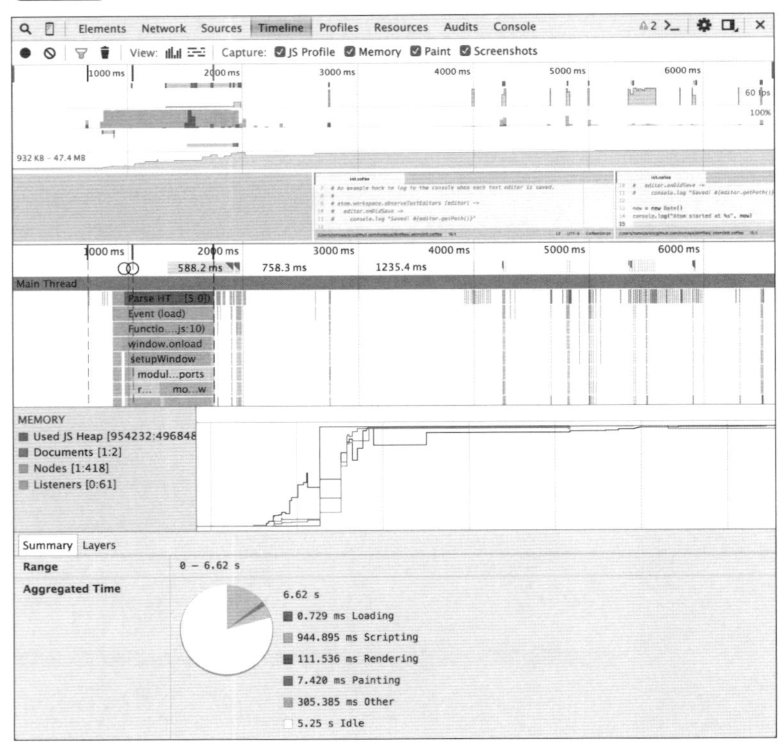

測定された結果は、経過時間軸に沿ってタイムラインが引かれます。つ

まり、ラインが長くなるほど時間がかかっている処理ということになります。記録される情報量が多いため、時間軸、実行時間、処理分類などのフィルタリング機能を活用することをお勧めします。

処理の分類について代表的なものを**表6.1**にまとめましたので、こちらを参考にして、まずは処理分類でフィルタリングし、その中の特定の処理を見つけたい場合は、タイプをFilterのインプットボックスに入力して絞り込んでみるなどして、遅くなっている原因の特定に役立ててください。

表6.1 Timelineパネルに記録される処理分類※1

処理分類	タイプ	説明
Loading	Send Request	リクエストの送信
	Receive Response	レスポンスの受信
	Receive Data	データの受信
	Finish Loading	ローディングの完了
	Parse HTML	HTMLのパース
	Parse Author Style Sheet	ユーザーCSSのパース
Scripting	Function Call	関数の実行
	XHR Ready State Change	XHR※2の準備状態の変更
	Timer Fired	タイマー処理の実行
	Event	イベント処理の実行
	Animation Frame Fired	アニメーション処理の実行
Rendering	Update Layer Tree	レイヤツリーの更新
	Recalculate Style	スタイルの再計算
	Layout	DOMツリーの計算
	Scroll	画面スクロール
Painting	Composite Layers	画像レイヤの合成
	Paint	描画
	Rasterize Paint	ラスタライズ化して描画
	Image Decode	画像の表示

※1 詳細は次のURLを参照してください。
https://developers.google.com/web/tools/chrome-devtools/profile/evaluate-performance/performance-reference?hl=en

※2 XMLHTTPRequest(いわゆる非同期通信)の略です。

6.7 AtomのDOM

ここまでDevToolsについて解説してきましたが、ここからは再びAtomに戻ります。まずは、Atomのより深い部分をカスタマイズする際に必要となるAtomのDOMについて解説していきます。

これまで何度か触れてきましたが、AtomはHTML、CSS、JavaScriptによって画面が作られています。そのためAtomでは、JavaScriptによってHTMLを書き換え、CSSによって見た目を調整し、CSSセレクタを利用してカーソル位置の状態を把握してキーバインドを割り当てることができます。つまり、Atomを柔軟にカスタマイズするには、AtomのDOMを把握することが必要不可欠となります。

AtomのDOMツリーの確認については、すでに解説したとおりDevToolsのElementsパネルからいつでも好きなときに確認できます。

Shadow DOMとCustom Elements

Atomでは、通常のHTMLが作成するDOMとは異なる2種類のDOMが存在します。それが第1章の「Web Components」(9ページ)で解説したShadow DOMとCustom Elementsです。

Shadow DOMはElementsパネルから確認できるDOMツリー上では、**図6.18**のように`#shadow-root`というDOMノードで表示されています。

Shadow DOM内部は通常のDOMと基本的に同じですが、1つだけ大きく異なる点としてstyleというDOMノードからShadow DOM内部のみに適用されるCSSが読み込まれています。こうして、Shadow DOMはスタイルのカプセル化を実現しているというわけです。

Custom Elementsは通常のHTMLとは異なるDOMノード名になっているため、一目で存在を確認できるかと思います。Atomで定義されているCustom Elementsの中で代表的なものを**表6.2**にまとめました。各要素が実際にどの部分に当たるかはこのあと見ていきます。

図6.18 Elementsパネルによる Shadow DOMの確認

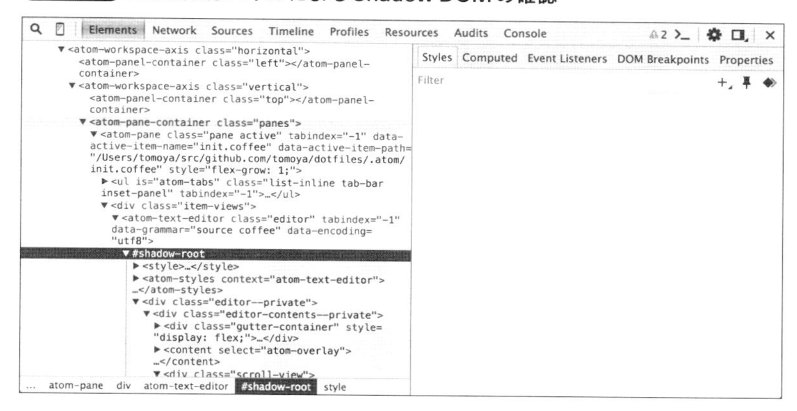

表6.2 Atomで定義されている代表的なCustom Elements

要素	説明
atom-workspace	Atomウィンドウのルート要素
atom-workspace-axis	ウィンドウの主軸となる親要素
atom-panel-container	atom-panel要素を内包するコンテナ
atom-panel	パネルとして開閉可能な要素
atom-pane-container	atom-pane要素を内包するコンテナ
atom-pane	ペインとして切り替え可能な要素
atom-styles	複数のstyle要素を内包するラッパ要素
atom-text-editor	入力可能なエディタを提供する要素。内部はShadow DOMになっている

基本構造

AtomのDOMツリーをDevToolsで実際に確認してみると、基本構造は先ほどの図6.18のようになっていることがわかりました。これをわかりやすく実際のウィンドウと照らし合わせたのが**図6.19**です。

先ほどの表6.2のCustom Elements各要素の説明を参考に見比べてみると、DOMの各要素名がそれぞれのパーツとして構成されていて、より理解が深まるでしょう。

Googleによって提唱されているマテリアルデザインなど、最近のWebデザインの主流は、単純なページとしてのWebではなく高度なアプリケーションとしてのWebです。それを実現するために、1つの機能を提供する

図6.19 実際のウィンドウを参照したDOM構造

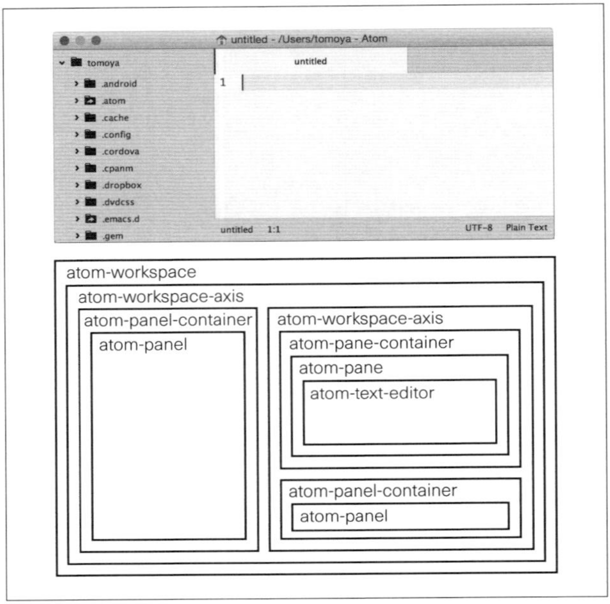

UIをコンポーネントとして細かく定義し、複数のコンポーネントを組み合わせて全体を構築する手法が一般的となってきています。Atomもその流れを汲んでいます。

コンポーネント

Atomでは、Custom Elementsをうまく活用してコンポーネント設計をしており、統一感のあるデザインとパフォーマンスを両立させています。ここからは、その中でも重要なコンポーネントについて詳しく解説していきます。

■ワークスペース

Atomのすべてのコンポーネントを内包しているコンポーネントがワークスペースです。要素名はatom-workspaceで、Atomウィンドウに1つだけ存在するルート要素です。Atomはワークスペースにさまざまなコンポーネントを読み込むことで、多種多様な機能を提供しています。

また、Atom APIから見たワークスペースはエッシェンシャルクラス[注7]となっています。Consoleパネルからatom.workspaceを実行してみると、ワークスペースの持つオブジェクトを確認できます。

ワークスペースの中には、さまざまなパネルやペインを内包しています。

パネルとペインの違いを簡単に説明しておくと、パネルは1つの機能に対してワークスペースの中に1つだけ存在しています。表示／非表示を切り替えることができますが、同じ機能のパネルは複数存在していません。代表的なパネルはツリービューや検索パネルです。ペインは同じ機能でありながら、1つのワークスペースの中に複数存在可能です。代表的なペインはエディタです。タブとして複数配置していたり、分割などによって複数存在していることからも、パネルと異なっていることがわかります。

■エディタ

エディタは、テキストエディタであるAtomの中核を成すコンポーネントです。要素名はatom-text-editorになっており、ペインとして開かれているほかのエディタとの衝突を避けるため、Shadow DOMを使ってカプセル化されています。

Atomでは、入力を受け付けるUIすべてにエディタコンポーネントを利用しており、コマンドパレットや設定画面のインプットフォームなどもエディタになっています。

エディタの詳細構造

さて、ひとえにエディタと言っても、その中にはさまざまなUIが存在しています。基本となるUIはファイルを読み込んで表示するバッファですが、ほかにも行番号を表示するガターなどがあります。そこで、エディタの中にある細かなUIについても紹介していきます。

まずは基本的なエディタの構造を**図6.20**に整理したので確認してください。

注7　Atom APIでは、グローバルオブジェクトatomから常に提供されるクラスをエッシェンシャルクラス(Essential Classes)として定義しています。任意の読み込みが必要なものは拡張クラス(Extended Classes)として定義しています。

図6.20 エディタの基本構造

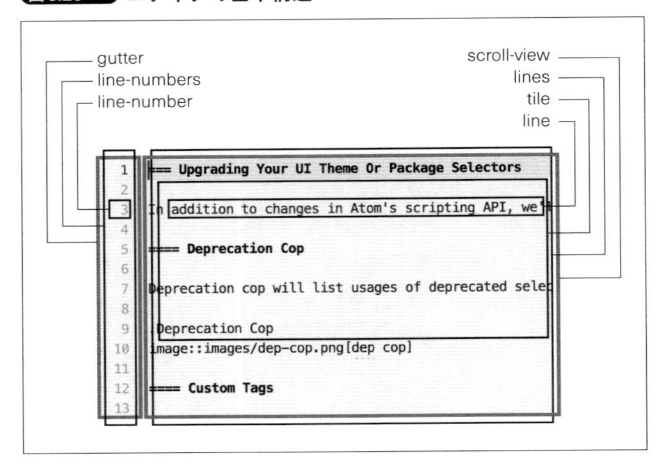

バッファはスクロールビュー、行番号はガターが表示領域を確保し、それぞれが行を内包する構造になっていることがわかります。

それでは、これらの構造と役割について確認していきましょう。

■ガター

ガターは行番号に関係する情報を提供するコンポーネントです。単純に行番号を表示するだけでなく、Gitと連携して変更の情報を可視化したり、文法チェッカ系のプラグインではエラー行を可視化する機能などを提供してくれます。

DOMの構造は**図6.21**のようになっており、DOMノードに割り当てられた属性値を利用して、CSSやJavaScriptなどから自由にカスタマイズ可能となっています。

なお、ガターは`Editor: Toggle Line Numbers`コマンドによって表示/非表示を切り替えることができますが、非表示にした場合は`display:none`によって隠されているだけです[注8]。

注8　display:noneはCSSのdisplayプロパティによる表示制御で、要素を非表示にします。非表示化した要素は、DOM上に存在していなかったようにレンダンリングされます。つまり、レンダリングから除外されるということになり、一切計算が行われません。

図6.21 ガターのDOM構造

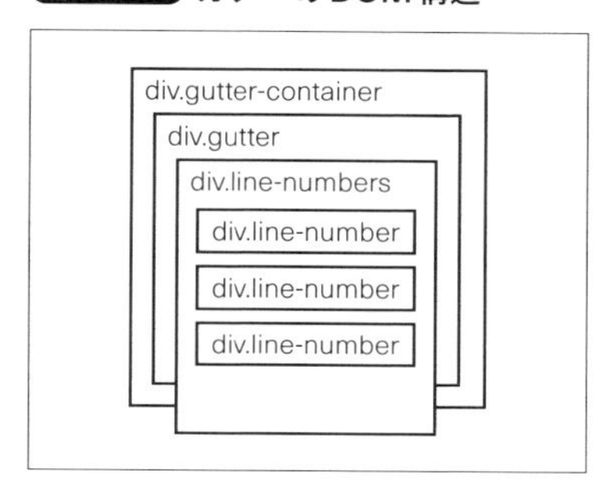

■スクロールビュー

スクロールビューは、ファイルを読み込んで表示するバッファとして機能しているコンポーネントです。DOMの構造は**図6.22**のようになっています。

図6.22 スクロールビューのDOM構造

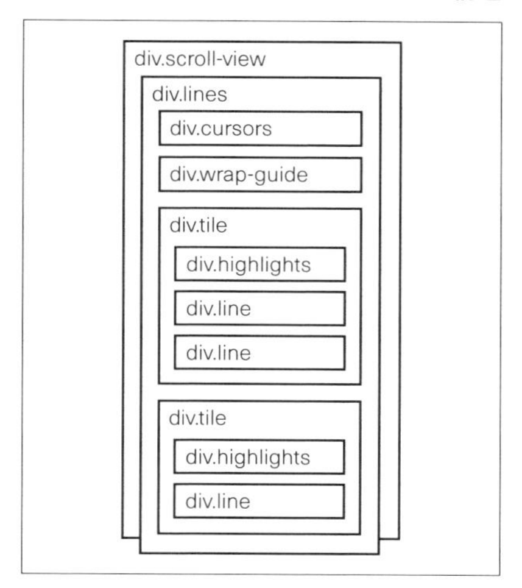

`<div class="lines">`の中は、カーソルを生成している`<div class="cursors">`要素、ラップガイドを生成している`<div class=wrap-guide>`、`<div class="tile">`というバッファを分割したブロックが並んでいます。`<div class="tile">`の中には、選択範囲や検索にマッチしたテキストを装飾する`<div class="highlights">`、そして、ファイルの各行を表示している`<div class="line">`などの重要な要素が含まれています。

Elementsパネルにスクロールビューを表示しながらAtomを操作すると、`<div class="lines">`や`<div class="cursor">`、そして`<div class="tile">`のstyle属性値がめまぐるしく変化していることが見てとれます。これは画面描写のパフォーマンスを向上させるため、属性値を変化させることでハードウェアアクセラレーションの効くCSSによって画面描写を行っているためです[注9]。

このように、エディタという激しいI/Oと高速なレンスポンスを要求するアプリケーションをWeb技術によって構築している陰には、これまでのWebページとは異なる高度な取り組みが行われていることがよくわかります。

属性とclass属性値

DevToolsでDOMツリーを眺めてみると、各要素にさまざまな属性が付与されていることに気付きます。紙幅の都合上そのすべてを解説することはできませんが、筆者が特に重要だと思うものについて解説しておきます。

■代表的な属性

属性(Attributes)は、HTMLの要素に指定できる値です。HTML 4までは決められた属性しか指定できませんでしたが、最近のHTMLベースのアプリケーションでは任意の属性を指定して、JavaScriptを使ってこれらの値にアクセスすることで細かくアプリケーションを制御しています。

Atomで主に利用されている代表的な属性を**表6.3**に整理しました。

さまざまな目的で利用される属性ですが、基本的には割り当てられた値を取得して計算に利用することを目的としています。つまり、プログラミングでいうところの変数として扱われます。

しかし、style属性とclass属性は少し用途が異なっていますので、簡単に両者の用途を説明しておきます。

まずstyle属性は、CSSファイルを利用せず直接要素に対してスタイルを適用するために利用される属性です。この属性が指定されている要素は、レンダリングの際CSSファイルのスタイルとかけ合わされ、レンダーツリー[注10]が

注9　Atomにおけるレンダリングパフォーマンス改善の取り組みについては、こちらの記事が参考になります。
http://blog.atom.io/2015/06/24/rendering-improvements.html

注10　DOMツリーにCSSのスタイル情報をかけ合わせた、実際にブラウザがレンダリングするツリーのことです。

表6.3 Atomで利用されている代表的な属性

属性名	説明
class	主にCSSによるスタイリングに用いられる
style	要素に対して直接スタイリングを行う
tabindex	tabによるフォーカス移動をブラウザ標準の動作から外したい場合に-1が指定されている
data-active-item-name	atom-pane要素に指定されている。ファイル名
data-active-item-path	atom-pane要素に指定されている。ファイルのフルパス
data-grammer	atom-text-editor要素に指定されている。選択されているgrammer
data-encoding	atom-text-editor要素に指定されている。選択されている文字コード
data-buffer-row	div.line-numberに指定されている。バッファ内の行番号
data-screen-row	div.line-numberとdiv.lineに指定されている。画面上の行番号

作成されます。属性の中では非常に限定的な使い方がされていると言えます。

次にclass属性ですが、こちらはstyle属性とは逆に非常に汎用的な属性です。主な利用目的はCSSセレクタによって選択してスタイリングを行うことですが、それ以外にもJavaScriptから要素を取得して、何か特別な処理を行う目的でも利用されます。つまり、class属性はあくまで名前のみを提供し、CSSやJavaScriptから選択可能な状態にすることを目的として利用されているというわけです。

■代表的なclass属性値

属性の中でも汎用的な目的で利用されるclass属性ですが、中でもとりわけ代表的なclass属性値を紹介します。まずは**表6.4**を確認してください。

これらのclass属性値は、割り当てられた要素の状態を示しています。排他的なものもあれば共存可能なものもあります。たとえば、bodyに割り当てられる「platform-darwin、platform-win32、platform-linux」は環境が混ざることがないため排他的ですが、「active」や「modified」はペインがアクティブかつ変更されている状態はあり得るので共存可能となっています。

より細かい挙動によって付けられる属性値についてはこのあと詳しく解説します。

表6.4 Atomで利用されている代表的なclass属性値

割り当て対象要素	クラス名	説明
body	platform-darwin	利用環境がOS Xであることを示す
	platform-win32	利用環境がWindowsであることを示す
	platform-linux	利用環境がLinuxであることを示す
	is-blurred	フォーカスを失った状態であることを示す
atom-workspace-axis	horizontal	ワークスペースを横に割って存在することを示す
	vertical	ワークスペースを縦に割って存在することを示す
atom-panel-container、atom-panel	left	ワークスペースの左にパネルが存在することを示す
	right	ワークスペースの右にパネルが存在することを示す
	top	ワークスペースの上にパネルが存在することを示す
	bottom	ワークスペースの下にパネルが存在することを示す
	modal	モーダルウィンドウとして存在することを示す
atom-pane、atom-text-editorなど	active	アクティブな状態を示す。フォーカスとは別なので注意
	is-focused	フォーカスがあたっている状態を示す
	modified	変更されている状態のファイルを示す。要するに保存されていない
	status-modified	Gitから見て変更されているファイルであることを示す
	status-added	Gitから見て追加されているファイルであることを示す
	autocomplete-active	自動補完が実行されている状態を示す

シンタックスによる値付け

シンタックスパッケージは、atom-text-editor要素にシンタックス固有の属性値を与えます。そして、各行も同じく固有のクラスを割り当てたうえで、正規表現にマッチした箇所をspanでマークアップし、クラスを割り当てます。実際に、Markdownの場合どのようになるか解説しましょう。

- **atom-text-editor要素のdata-grammar属性に"source gfm"を割り当てる**
- **各行を<span class="source gfm">でマークアップする**

- **さらにパターンにマッチした箇所をそれぞれspanでマークアップしクラスを割り当てる**

割り当てられたクラスは、シンタックスハイライトや設定ファイルのスコープなどで利用できるようになっています。

■シンタックスが適用されるしくみ

Atomでファイルを開くと拡張子などの情報から自動的に選択されるシンタックスですが、どのようなしくみによって適用されているか知りたいところです。

シンタックスはパッケージのgrammarsディレクトリに配置されるcsonファイルによって提供されています。たとえばMarkdownシンタックスを提供しているlanguage-gfmパッケージの場合は、`/grammars/gfm.cson`ファイルになっています。

```
'name': 'GitHub Markdown'
'scopeName': 'source.gfm'
'fileTypes': [
  'markdown'
  'md'
  'mdown'
  'mkd'
  'mkdown'
  'rmd'
  'ron'
]
'patterns': [
  {
    'match': '\\\\.'
    'name': 'constant.character.escape.gfm'
  }
   (略)
```

CSONファイルであることから、ファイルの中身はプログラムコードではなく、上記のように設定ファイルのようなキーとバリューになっています。Atomはこの中に記述された情報をもとに構文解析を行い、属性値を割り当てているのです。

なお、このファイルで利用できるキーを**表6.5**に整理したので参照してください。

表6.5 シンタックス定義ファイルのキー一覧

キー	説明	型
name	シンタックス名。Grammar Selector: Showやステータスバーの表示に利用される	文字列
scopeName	スコープ名。data-grammer属性や各行のspanのクラスとして割り当てられる	文字列
fileTypes	自動的に適用されるファイル拡張子。ここに存在しない拡張子であってもGrammar Selector: Showから適用可能	配列
patterns	特別なクラスを割り当てる正規表現パターン。詳しくは「構文解析のしくみ」を参照	配列

■構文解析のしくみ

シンタックスが適用されるしくみを理解した次は、構文解析のしくみについて解説していきます。

先ほど例に挙げたgfm.csonでは、patternsの配列の中にオブジェクトがあり、matchとnameというキーが存在していました。これは、「\A」のように「\」と後ろに続く1文字を、「constant、character、escape、gfm」というクラスを割り当てたspanでマークアップするという指定になっています[注11]。

実際にDevToolsの要素調査モードで確認してみると、**図6.23**のようにマークアップされていることがわかります。

図6.23 要素調査モードで確認した\Aのマークアップ

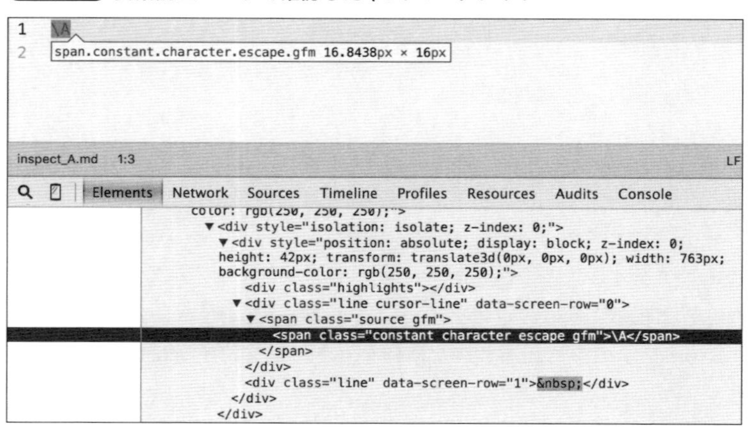

注11 「\\」は\を、「.」は任意の1文字を表す正規表現文字列になっています。なお、正規表現リテラルで\を表すには「\」になります。

このように、patternsの中では正規表現を用いたマッチャと割り当てるクラス名のオブジェクトを記述することで、シンタックスが適用されているバッファ内に登場する任意の文字列に対して、特別なクラスを割り当てられるようになっているのです。

マッチャはmatch以外にもbegin、endなどが利用できるほか、後方参照[注12]を利用して参照箇所にさらに別のクラスを割り当てるなど、高度な解析が可能になっています。少し例を見てみましょう。

```
{
  'begin': '^(#{1})(\\s*)'
  'end': '$'
  'name': 'markup.heading.heading-1.gfm'
  'captures':
    '1':
      'name': 'markup.heading.marker.gfm'
    '2':
      'name': 'markup.heading.space.gfm'
  'patterns': [
    {
      'include': '$self'
    }
  ]
}
```

こちらは「# 見出し1」のようなMarkdownの見出しを解析しているパターンです。

まず、beginでは、行頭が#で始まっていて0文字以上の空白文字を含む文字列に、endで行末にマッチしています。つまり「#で始まり0文字以上の空白文字を含む行」に対して、「markup、heading、heading-1、gfm」というクラスを割り当てます。

そしてcapturesで、#に対しては「markup、heading、marker、gfm」というクラスを、続く空白文字があれば「markup、heading、space、gfm」というクラスを持つspanでマークアップするように指定しています。最後のpatternsの`'include': '$self'`という指定により、スコープが自分自身のときに適用されます。

注12　一致したパターンの一部をあとで再利用するため記憶しておく正規表現の機能の一つです。

「Atom Flight Manual」の「2.10 Grammar」[注13]により詳しい説明がありますので、もしシンタックスパッケージを作成する際はこちらを参考にしてください。

アクションによる値付け

本章の最後は、Atomの操作によって割り当てられる属性値を紹介します。

Atomでは、ユーザーのさまざまな操作状況に応じてclass属性値などを割り当てることで、シンタックスハイライト以外にも未保存のファイルをタブで通知したり、Gitから見て変更された行番号を強調したりなどのインタラクションを実現しています。

本書では、Atomで利用頻度の高いコンポーネントの中から、アクションによる値付けが頻繁に行われていて比較的シンプル構成になっている「タブ」と、Atomの中心となる「エディタ」の2つをクローズアップして解説していきます。

■タブ

3つのファイルを開いているAtomの場合、タブは次のようなHTMLになっています。

```
<ul tabindex="-1" class="list-inline tab-bar inset-panel" is="space-pen-ul">
  <li is="tabs-tab" class="tab sortable modified" data-type="TextEditor">
    <div class="title" data-name="<ファイル名>" data-path="<ファイルのフルパス>">
      <ファイル名>
    </div>
    <div class="close-icon"></div>
  </li>
  <li is="tabs-tab" class="tab sortable active modified"
      data-type="TextEditor" data-original-title title>
    <div class="title" data-name="<ファイル名>" data-path="<ファイルのフルパス>">
      <ファイル名>
    </div>
    <div class="close-icon"></div>
  </li>
  <li is="tabs-tab" class="tab sortable" data-type="TextEditor">
    <div class="title" data-name="<ファイル名>" data-path="<ファイルのフルパス>">
```

注13 https://atom.io/docs/latest/using-atom-grammar

```
      <ファイル名>
    </div>
    <div class="close-icon"></div>
  </li>
</ul>
```

注目すべき要素は、一つ一つのタブを表現しているis="tabs-tab"という属性値を含んでいるli要素です。

こちらには、tab、sortableという共通のクラス以外に、ファイルが変更されていて未保存の場合にmodifiedというクラスを、そしてアクティブになっているペインに対してactiveというクラスを割り当てるようになっています。

■エディタ

エディタはインタラクティブの塊のようなものなので、実にさまざまな属性が割り当てられています。

まず、フォーカスが当たっているエディタのatom-text-editor要素には、is-focusedというクラスが割り当てられます。そして、各行を表現している<div class="line">というHTMLには、カーソルが存在する行に対してcursor-lineというクラスを割り当てます。マルチカーソルが使えるAtomではカーソルを増やすとcursor-lineクラスも増えていきます。

行番号を表示しているガターも、カーソルが存在する行に対してcursor-lineクラスを割り当てます。範囲選択をしていない場合は、cursor-line-no-selectionクラスも追加します。

また、折り返し可能な場合はfoldable、Gitで管理しているプロジェクトの場合、変更された行にgit-line-modified、追加された行にgit-line-added、そして削除された行にgit-line-removedというクラスを割り当てます(**図6.24**)。

図6.24 要素調査モードで確認したガターのマークアップ

```
▼<div class="gutter" gutter-name="line-number">
  ▼<div class="line-numbers" style="height: 552.125px; background-col
    ▶<div class="line-number" data-screen-row="undefined" data-buffer
    ▶<div style="position: absolute; display: block; top: 0px; height
    ▶<div style="position: absolute; display: block; top: 0px; height
    ▶<div style="position: absolute; display: block; top: 0px; height
    ▼<div style="position: absolute; display: block; top: 0px; height
      ▶<div class="line-number" data-screen-row="1056" data-buffer-ro
      ▶<div class="line-number" data-screen-row="1057" data-buffer-ro
      ▶<div class="line-number" data-screen-row="1058" data-buffer-ro
      ▶<div class="line-number git-line-removed" data-screen-row="105
      ▶<div class="line-number" data-screen-row="1060" data-buffer-ro
      ▶<div class="line-number cursor-line cursor-line-no-selection g
    </div>
    ▼<div style="position: absolute; display: block; top: 0px; height
      ▶<div class="line-number" data-screen-row="1062" data-buffer-ro
      ▶<div class="line-number" data-screen-row="1063" data-buffer-ro
      ▶<div class="line-number git-line-added" data-screen-row="1064"
      ▶<div class="line-number" data-screen-row="1065" data-buffer-ro
      ▶<div class="line-number" data-screen-row="1066" data-buffer-ro
      ▶<div class="line-number" data-screen-row="1067" data-buffer-ro
    </div>
    ▶<div style="position: absolute; display: block; top: 0px; height
```

第 7 章

本格的なカスタマイズ

7.1 Atomのカスタマイズ方法

パッケージをインストールすることによってAtomに機能を追加していくこともできますが、本格的に自分自身の手にエディタを馴染ませるためには、自分の手でカスタマイズすることが重要です。

設定ファイルによるカスタマイズ方法

Atomをカスタマイズする方法はいくつも存在しています。本書ではそれらを一通り解説していきます。まずは基本となる設定ファイルによるカスタマイズについて説明していきます。

Atomでは4つの設定ファイルが用意されており、それぞれ異なる役割を持っています。ここでは、この4つの設定ファイルの使い方を説明します。

■初期化スクリプト——init.coffee

init.coffeeはその名のとおり初期化スクリプトで、すべてのパッケージが読み込まれたあとに実行されるようになっています。こちらのファイルにconsole.logを仕込んでみるとすぐにわかりますが、最初に一度だけ読み込まれます。

こちらには、パッケージを作成するまでもないような簡単な機能を追加したり、パッケージの振る舞いを少し変更したい場合などに利用します。

もし、追加する機能が1つの関数を越えるようなものである場合は、公開する／しないは別にして第8章を参考にしてパッケージとして別途リポジトリを作成しておくほうがよいでしょう。

なお、こちらに何か設定を記述して読み込みなおしたい場合は、Atomを再起動するか`Window: Reload`を実行しましょう。

■スニペットの設定——snippets.cson

任意のスニペットを追加したい場合は、snippets.csonファイルに定義を記述します。頻繁に入力を行う定型文は率先して追加していきましょう。

スニペットの追加方法は「スニペットのカスタマイズ」(201ページ)で詳

しく解説しています。

■キーバインドの設定——keymap.cson

任意のキーバインドを設定したい場合は、keymap.csonファイルに設定を記述します。キーバインドは追加するだけでなく、余計なキーバインドを無効化することもできます。

詳しい設定方法については「キーバインドのカスタマイズ」(204ページ)で解説しています。

■スタイルの設定——styles.less

テーマによるスタイルを上書きして変更したい場合は、styles.lessファイルにスタイルを記述します。もし少しでも文字が読みにくく感じたりしたときはこちらから変更しましょう。

スタイルの変更方法は「スタイルのカスタマイズ」(210ページ)で詳しく解説しています。

その他のカスタマイズ方法

設定ファイルを編集する以外の方法によってAtomをカスタマイズする方法もあります。それはパッケージを利用した方法です。ここでは、パッケージを使ったカスタマイズの概要に触れていきます。

■パッケージを直接編集する

まず考えられるのは、パッケージを直接編集することによってカスタマイズする方法です。パッケージが提供する機能の一部が気に入らなかったりする場合に有効な手段だと言えます。

この場合、パッケージのアップデートによって編集内容が上書きされる可能性があるため、編集の際はGitHubにあるパッケージのリポジトリをForkして、ローカルへcloneしてから編集を加えて、`apm link`コマンドを使ってシンボリックリンクを作ってインストールする方法がお勧めです。

`apm link`コマンドは、~/.atom/packagesディレクトリへのシンボリックリンクを作成するコマンドです。引数はリンクしたいパッケージのディレクトリになっており、引数なしで実行するとカレントディレクトリを利用します。すでに同名のパッケージがインストールされている場合は機能しませんので注意してください。また-d、もしくは--devオプションを付けると、~/.atom/dev/packagesディレクトリにリンクを作成します。

```
$ git clone <パッケージリポジトリ>
$ cd <リポジトリパス>
$ apm link ~/.atom/packages/<パッケージ名>にシンボリックリンクを作成
$ apm link -d ~/.atom/dev/packages/<パッケージ名>にシンボリックリンクを作成
```

もし変更した内容が一般的にも有益な機能であれば、ぜひPull Requestを作成してみましょう。Pull Requestの作成方法については、「Using pull requests」[注1]もしくは『GitHub実践入門』[注2]を参考にしてください。

■パッケージを作成する

最後に残ったカスタマイズ手段は、自らパッケージを作成する方法です。第8章では実際にパッケージを作成する方法について解説していますので、興味のある方はぜひ挑戦してみましょう。

パッケージを作成するメリットは、プロジェクトとして切り出しているため、変更履歴が記録されたり、シンタックスやパッケージ設定などの機能が利用できるなどがありますが、最も大きなメリットは、公開することによって第三者からの機能追加や修正などを受けられる機会が生まれる点です。

とても単純な機能であったとしても、もしかするとそれが多くの人にとって有益な機能であるかもしれませんので(得てして単純な機能ほど有益であるものです)、時間が許すのであればぜひパッケージ作りに挑戦してみてください。

反映されるタイミング

これまで挙げてきたカスタマイズ方法ではAtomのウィンドウ作成時[注3]にすべての設定内容が反映されますが、ウィンドウを作成しない場合、変更内容が反映されるタイミングはそれぞれ微妙に異なっています。

注1 https://help.github.com/articles/using-pull-requests/

注2 大塚弘記著『GitHub実践入門——Pull Requestによる開発の変革』技術評論社、2014年

注3 ウィンドウが作成されるタイミングは、起動とリロードのときなので、終了させない場合はリロードを行います。

そこで、それぞれの変更が反映されるタイミングを**表7.1**に整理しましたので、変更が意図どおり反映されない場合は確認してみてください。

表7.1 設定ファイルが反映されるタイミング一覧

設定方法	反映タイミング
init.coffee	ウィンドウリロード時
keymap.cson	ファイル保存時
snippets.cson	ファイル保存時
styles.less	ファイル保存時
パッケージ	ウィンドウリロード時

7.2 初期化スクリプトのカスタマイズ

それでは、初期化スクリプトinit.coffeeファイルのカスタマイズについて解説していきます。まずは、簡単な設定を追加してみましょう。

init.coffeeファイルは、`Application: Open Your Init Script`コマンドを実行することですぐに開くことができます。拡張子からもわかるとおり、ファイルはCoffeeScriptで記述されています。

たとえば、起動時にフルスクリーン化したいというような設定を実現するには、init.coffeeファイルに次の1行を記述することで実現できます。

```
atom.setFullScreen(true)
```

`setFullScreen()`メソッドは、Atomクラスに定義されているメソッドです[注4]。`true`を与えるとフルスクリーン化、`false`を与えると解除します。

このように起動と同時にAtomの状態を変化させたい場合は、init.coffeeを活用することになります。

注4　https://atom.io/docs/api/latest/AtomEnvironment#instance-toggleFullScreen

少し高度な設定

今度は少しだけ高度な設定をしてみましょう。init.coffeeファイルを開くと、次のようなファイルを保存した際にConsoleパネルにログを出力する設定のサンプルが記述されています。

```
# atom.workspace.observeTextEditors (editor) ->
#   editor.onDidSave ->
#     console.log "Saved! #{editor.getPath()}"
```

この設定は、atom.workspaceクラスにEvent Subscription[注5]として定義されているobserveTextEditors()メソッド[注6]を利用して、ウィンドウ内のすべてのエディタを監視し、TextEditorクラスのEvent Subscriptionであるon DidSave()メソッド[注7]を利用してバッファが保存されたタイミングでコールバックを受け取り、Consoleパネルに「Saved! <ファイル名>」というテキストを出力するようになっています。

この設定を少し変更して、Consoleパネルではなく通知機能(Notification)を利用してみましょう。通知機能を利用するには、NotificationManagerクラスにaddSuccess()メソッド[注8]が用意されているので、こちらを利用してconsole.logの部分を次のように差し替えます。

```
atom.workspace.observeTextEditors (editor) ->
  editor.onDidSave ->
    atom.notifications.addSuccess("Saved! #{editor.getPath()}")
```

すると、ファイルが保存されると**図7.1**のように通知が表示されるようになります。

筆者が実際に利用している設定を例に挙げると、編集中のファイルのあるディレクトリをOS XのFinder.appで開くコマンド(My: Open Finder)を追加しています。ここで追加したコマンドもkeymap.csonファイルに設定を記述することで、キーバインドから実行できるようになります[注9]。

注5　Atomにイベントを登録するためのAPIです。JavaScriptのイベントハンドラのように、特定の動作タイミングで実行するコールバックを登録できます。それぞれの動作タイミングはAPIドキュメントの解説に詳しく記述されています。

注6　https://atom.io/docs/api/latest/Workspace#instance-observeTextEditors

注7　https://atom.io/docs/api/latest/TextEditor#instance-onDidSave

注8　https://atom.io/docs/api/latest/NotificationManager#instance-addSuccess。実際に利用する場合はAtomクラスのnotificationsインスタンスを利用します。

注9　「キーバインドの設定方法」(206ページ)で実際の設定例を紹介しています。

図7.1 init.coffeeを利用した保存通知

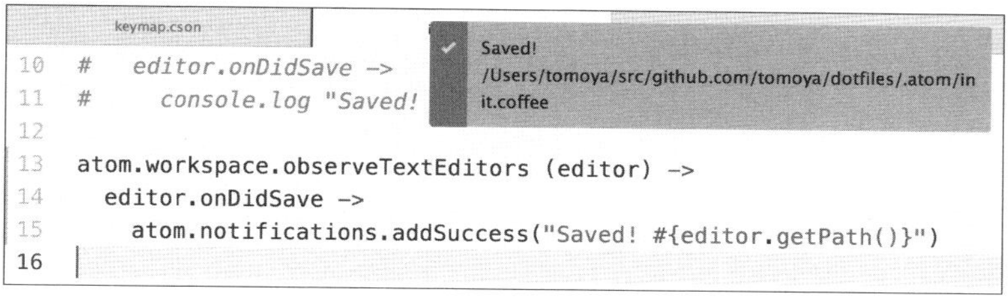

```
keymap.cson
10  #   editor.onDidSave ->
11  #     console.log "Saved!
12
13  atom.workspace.observeTextEditors (editor) ->
14    editor.onDidSave ->
15      atom.notifications.addSuccess("Saved! #{editor.getPath()}")
16
```



```
path = require 'path'
{BufferedProcess} = require 'atom'

atom.commands.add 'atom-text-editor', 'my:open-finder', ->
  editor = atom.workspace.getActiveTextEditor()
  cwd = path.dirname(editor.getPath())
  command = 'open'
  args = [cwd]
  process = new BufferedProcess({command, args})
```

このように起動時に実行される初期化スクリプトは、単なるメソッドの実行のみならず、コマンドの追加やEvent Subscriptionを利用して、フックのように特定のイベント発生時にメソッドを実行したりすることも可能になっています。

7.3 スニペットのカスタマイズ

次はスニペットをカスタマイズです。snippets.csonファイルは、`Application: Open Your Snippets`コマンドで開くことができます。こちらはCSONファイルになっています。

このファイルにスニペットを定義することで、自由にスニペットを追加できます。

追加する

snippets.csonファイルを開くと次のようなサンプル設定が記述されてい

ます。

```
'.source.coffee': ←スコープ
  'Console log': ←スニペット名
    'prefix': 'log' ←トリガ
    'body': 'console.log $1' ←スニペット本体
```

こちらは、CoffeeScriptのシンタックスが適用されているエディタで、logをトリガとして挿入されるスニペットの定義です。第3章「スニペットを挿入する」(85ページ)で解説したとおり「log」と入力してSnippets: Expand(tab)を実行するとスニペットが挿入され、$1の位置へカーソルが自動的に移動するにようになっています。

$1はタブストップです。そのため、もしbodyの中に$2があれば、Snippets: Next Tab Stop(tab)によってさらにカーソルを自動的に移動させることができます。

また、「snip」と入力してtabを入力することでスニペットを追加するためのテンプレートを挿入することも可能です。より詳しい説明は「Atom Flight Manual」の「2.6 Using Atom : Snippets」注10を参考にしてください。

上書きする

すでに定義済みのスニペットの内容を変更したい場合は、同じスコープとトリガを用いてsnippets.csonファイルに定義してしまえば、スニペットを上書きすることが可能です。

たとえば、language-rubyに定義されているInsert do |variable| ……endという定義がありますが、こちらの|variable|が不要だったとしましょう。その場合は次のように定義することで既存の定義が上書きされ、|variable|を除いたスニペットが挿入されるようになります。

```
'.source.ruby':
  'Insert do …… end':
    'prefix': 'do'
    'body': 'do\n\t$1\nend'
```

注10 https://atom.io/docs/latest/using-atom-snippets

7.4 CSSセレクタの優先順位

キーバインドとスタイルの設定に入る前に、一つ重要なことを説明しておきます。それがCSSセレクタです。

CSSセレクタとは、W3Cによって仕様化されているSelectors APIのことで、主にCSSで用いられることから一般的にCSSセレクタと呼ばれています。2016年現在Level 3が勧告(Recommendation)されており、Level 4の草案(Working Draft)が公開されています[注11]。

CSSセレクタは、HTML/XMLの要素選択に最適化されたパターンマッチング機能を持つことから、以前はXPath(*XML Path Language*)[注12]が主流だったJavaScriptでも、現在はCSSセレクタが一般的に利用されるようになっています。AtomでもテーマなどのCSSだけではなく、スニペットやキーバインドのスコープなどでCSSセレクタが積極的に活用されています。

CSSセレクタを使ったマッチングは、基本的に要素やクラスの名前を記述すればよいため比較的単純ですが、CSSセレクタが競合した場合の優先順位の計算についてはあまり広く知られていません。

そのため、ここで簡単にCSSセレクタの優先順位について解説しておきます。

詳細度の計算

CSSセレクタの優先順位は詳細度(specificity)と呼ばれる値によって決められます。詳細度が高いものほど優先され、詳細度が同じ場合はあとに登場したものが優先されます。

- **A＝IDセレクタ数**
- **B＝クラス、属性、疑似クラスセレクタ数**
- **C＝要素型と疑似要素セレクタ数**

注11　W3C勧告までのプロセスについて興味がある方はhttp://www.kanzaki.com/w3c/process.htmlを参照してください。

注12　http://www.w3.org/TR/xpath20/。仕様が複雑なため人間が書くのは難しいですが、DevToolsのElementsパネルのコンテキストメニューからコピーできるようになっています。

詳細度は上記のA、B、Cを計算し、AからCの順番で比較を行っていきます。つまり、Aの数が1のCSSセレクタに対してAの数が0のCSSセレクタは、BとCの数で勝っていても優先順位では勝つことができないということになります。

例としてatom-text-editor要素を対象にした際の詳細度を**表7.2**にまとめました。

表7.2 CSSセレクタの詳細度計算

セレクタ	A = ID セレクタ数	B = クラス、属性、疑似クラスセレクタ数	C = 要素型と疑似要素セレクタ数	詳細度
*	0	0	0	0, 0, 0
atom-text-editor	0	0	1	0, 0, 1
atom-workspace atom-text-editor	0	0	2	0, 0, 2
atom-text-editor.is-focused	0	1	1	0, 1, 1
atom-text-editor:not(.mini)	0	1	1	0, 1, 1
atom-text-editor[data-grammar~="gfm"]	0	1	1	0, 1, 1
.is-focused:not(.mini)	0	2	0	0, 2, 0

この例では、最後の`.is-focused:not(.mini)`が最も詳細度の高いCSSセレクタということになります。

7.5 キーバインドのカスタマイズ

再びAtomの設定へ話を戻します。Atomのキーバインドの設定方法についてです。keymap.csonファイルは、次の3つの方法で開くことが可能です。

- **Atomメニューの「Keymap...」を選択する**[注13]
- **設定画面の「Keybindings」から「your keymap file」のリンクをクリックする**
- `Application: Open Your Keymap`**コマンドを実行する**

こちらのファイルに好きな設定を記述することで、自由にキーバインド

注13　ほかの設定ファイルも、すべてこの方法で開くとが可能です。

を設定できるようになっています。

キーバインドの調べ方

キーバインドを調べる方法は、第4章「キーバインドの確認」(119ページ)で紹介した設定画面から確認する方法以外に、もっと直感的で便利な方法があります。それはKey Binding Resolverを利用する方法です。

Key Binding Resolver: Toggle(cmd-.)を実行すると、ウィンドウ下部に**図7.2**のようなパネルが表示されます。これは、あなたがタイプしたキー入力に対して割り当てられているキーバインド一覧を表示してくれるとても便利な機能です。

図7.2 Key Binding Resolver起動時

Key Binding Resolver: cmd-.		
✔ key-binding-resolver:toggle	.platform-darwin	/Applications/Atom.app/Contents/Resources/app.asar/node_modules/keybinding-resolver/keymaps/keybinding-resolver.json
init.coffee 16:1		UTF-8 CoffeeScript init-atom +3, -2

■コマンド名の表記

割り当てられているコマンドをよく見ると、設定ファイルに指定するコマンド名は、コマンドパレットに表示される名前と少し書き方が違います。

たとえば、Key Binding Resolver: Toggleの場合、「key-binding-resolver:toggle」になっています。これは内部で使用するコマンド表記とコマンドパレットで表示されるコマンド名が異なるためです。

覚え方としては、コマンドパレットに表示される名前をすべて小文字にして、スペースは-(ハイフン)でつないで記述すると覚えるとよいでしょう。

■キーバインドの競合

もし、同じキーに対して複数のキーバインドが割り当てられている場合はそのすべてを表示し、CSSセレクタにマッチしないキーバインドは×マークが付けられます。CSSセレクタにマッチするキーバインドには✓マークが付けられ、実際に実行されるキーバインドが一番上に色付けして表示されます(**図7.3**)。

ファイルパスをクリックすると、設定されているファイルを開くように

図7.3 複数のキーバインドが登録されているときの表示

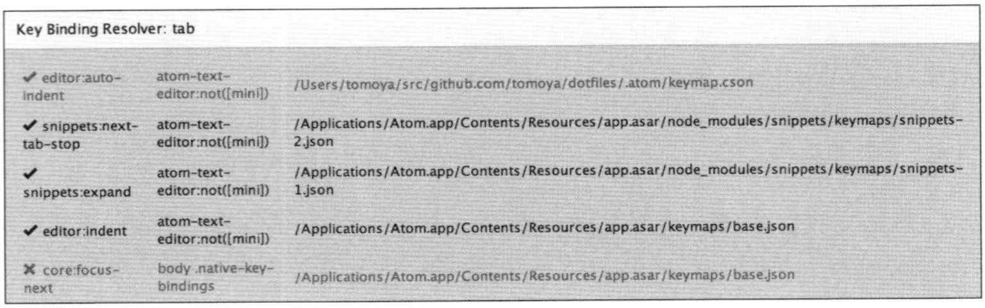

Key Binding Resolver: tab

✔ editor:auto-indent	atom-text-editor:not([mini])	/Users/tomoya/src/github.com/tomoya/dotfiles/.atom/keymap.cson
✔ snippets:next-tab-stop	atom-text-editor:not([mini])	/Applications/Atom.app/Contents/Resources/app.asar/node_modules/snippets/keymaps/snippets-2.json
✔ snippets:expand	atom-text-editor:not([mini])	/Applications/Atom.app/Contents/Resources/app.asar/node_modules/snippets/keymaps/snippets-1.json
✔ editor:indent	atom-text-editor:not([mini])	/Applications/Atom.app/Contents/Resources/app.asar/keymaps/base.json
✖ core:focus-next	body .native-key-bindings	/Applications/Atom.app/Contents/Resources/app.asar/keymaps/base.json

なっています。

キーバインドの設定方法

それでは、キーバインドの設定方法について解説していきます。まずは、keymap.csonに記述してある設定サンプルを見てみましょう。

■追加する

keymap.csonの中身にはコメントで使い方の説明が書かれていますが、ポイントは次の設定サンプルです。

```
# Here's an example taken from Atom's built-in keymap:
#
# 'atom-text-editor':
#   'enter': 'editor:newline'
```

設定サンプルの例として、Atomの編集部分で enter を入力したとき新規行を追加するコマンドを追加しています。

まず、keyにCSSセレクタを使って実行できる場所を記述します。CSSセレクタの調べ方は第6章で解説したDevToolsを利用して行います。そしてvalueには、キーマップと紐付けるコマンドをそれぞれkeyとvalueに記述します(**図7.4**)。記述されたキーバインドは、keyとなるCSSセレクタの中にカーソルがある場合のみ実行可能となります。

これにより、編集画面や設定画面、ツリービューやコマンドパレットなどさまざまなコンテキストに合わせて、別々のキーバインドを割り当てられるようになっています。なお、keymap.csonに記述した設定は保存するとすぐにAtomに反映され利用できます。

図7.4 キーマップ設定コードの図解

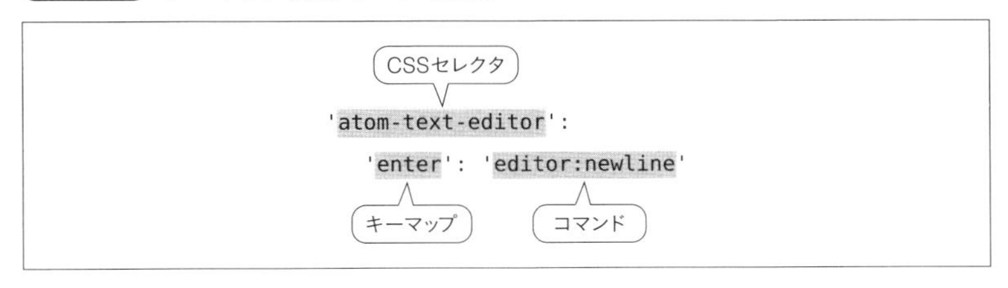

たとえば「少し高度な設定」(200ページ)でinit.coffeeに追加したMy: Open Finderコマンドにキーバインドを与えたい場合、keymap.csonに次の設定を追加することでキーバインドから実行できるようになります。

```
'atom-workspace':
  'cmd-o': 'my:open-finder'
```

■上書きする

すでに設定されているキーバインドを上書きしたい場合は、スニペットと同じように上書きすることが可能です。

たとえば、ctrl-aはEditor: Move To First Character Of Lineという現在行の1文字目へと移動するコマンドが割り当てられていますが、これを行頭へ移動するEditor: Move To Beginning Of Lineへと変更したい場合は、次のように設定します。

```
'atom-text-editor':
  'ctrl-a': 'editor:move-to-beginning-of-line'
```

設定保存後、Key Binding Resolverを起動してctrl-aを実行してみると**図7.5**のように自分の設定が優先され、Editor: Move To Beginning Of Lineが実行されていることがわかります。

■無効化する

パッケージが提供するすべてのキーバインドを無効化する方法は第4章「パッケージ固有の設定」(122ページ)で解説しましたが、すべてではなく一部のみを無効化したい場合はkeymap.csonから設定します。

図7.5 設定上書き後のKey Binding Resolverによる確認

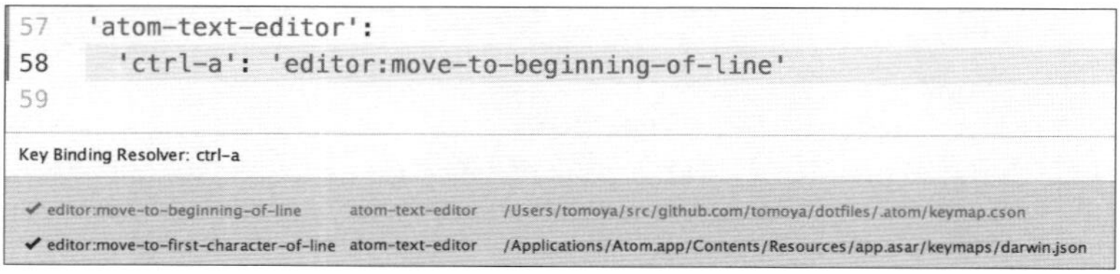

```
57  'atom-text-editor':
58    'ctrl-a': 'editor:move-to-beginning-of-line'
59
```

Key Binding Resolver: ctrl-a

✔ editor:move-to-beginning-of-line	atom-text-editor	/Users/tomoya/src/github.com/tomoya/dotfiles/.atom/keymap.cson
✔ editor:move-to-first-character-of-line	atom-text-editor	/Applications/Atom.app/Contents/Resources/app.asar/keymaps/darwin.json

筆者は日本語の入力にAquaSKK[注14]というIM（*input method*）を利用しているのですが、AquaSKKで日本語入力を開始するctrl-jというキーバインドと、Emacsライクなキーバインドを提供してくれるemacs-plusパッケージが競合してしまい、日本語入力を開始しようとするたび改行が挿入されとても作業ができません。そこで、ctrl-jのキーバインドを無効化することにしました。

```
# emacs-plus/keymaps/emacs.csonの設定
'atom-workspace atom-text-editor.emacs-plus:not([mini])':
略
  'ctrl-j': 'editor:newline'

↓

# 同じ指定でコマンドにunset!を指定することで無効化する
# keymap.csonへ記述
'atom-workspace atom-text-editor.emacs-plus:not([mini])':
  'ctrl-j': 'unset!'
```

キーバインドを無効にするには、コマンドを指定するところにunset!を指定します。これにより、ctrl-jから改行コマンドが外されました。

高度な指定方法

CSSセレクタを活用しているAtomのキーバインド設定では、CSSセレクタの指定を工夫することにより高度なキーバインドの指定が可能になっています。

注14　http://aquaskk.sourceforge.jp/

■特定のOSを指定する

複数のOSで設定を共有してAtomを利用する際、OSによってキーバインドを変えたいことがあるかもしれません。その場合は、bodyに付けられているplatform-darwinなどのクラスを利用してCSSセレクタを指定することで、OSごとにキーバインドを設定できるようになっています。

たとえばツリービューの操作をOS XではFinderの操作とそろえたい場合、次のような設定で実現できます。

```
'.platform-darwin .tree-view':
  'enter': 'tree-view:rename'
  'cmd-down': 'tree-view:open-selected-entry'
  'cmd-shift-n': 'tree-view:add-folder'

'.platform-win32 .tree-view':
  'ctrl-shift-n': 'tree-view:add-folder'
```

この設定によって、ツリービューではOS Xではenterでリネーム、cmd-downでファイルを開く、cmd-shift-nで新規フォルダを作成し、Windowsではctrl-shift-nで新規フォルダを作成するというキーバインドが使えるようになります。

■特定のシンタックスを指定する

頻繁に利用するコマンドはどんどんキーバインドに登録するべしというのが筆者の方針ですが、登録しすぎると今度は思いもしないところでコマンドが誘爆し、逆にストレスとなることが考えられます。

そういったことが起きないようにするための1つの方策として、特定のシンタックスのみしか利用しないキーバインドは、そのシンタックス専用のキーバインドとして登録してしまう方法があります。

シンタックスパッケージはatom-text-editor要素のdata-grammar属性に特別な属性値を割り当てるため、属性セレクタを利用することで特定のシンタックスのみ有効なキーバインドを登録できます。

```
'atom-text-editor[data-grammar~="gfm"]':
  'ctrl-alt-p': 'markdown-preview:toggle'

'atom-text-editor[data-grammar~="html"]':
  'ctrl-alt-p': 'atom-html-preview:toggle'
```

```
'atom-text-editor[data-grammar~="asciidoc"]':
  'ctrl-alt-p': 'asciidoc-preview:toggle'
```

■特定のUIを指定する

編集部分にキーバインドを登録するために使用するatom-text-editor要素ですが、こちらにキーバインドを登録すると、コマンドパレットでももれなくキーバインドが有効になります。しかし通常の編集とは操作が異なるため、こちらにはキーバインドを反映させたくない場合があるかと思います。

コマンドパレットに使用されるatom-text-editor要素にはminiというクラスが付けられているため、否定擬似クラス:not()を使ってminiを含まないatom-text-editor要素のみにキーバインドを割り当てればこの問題を解決できます。

```
'atom-text-editor:not(.mini)':
  'ctrl-o': 'editor:newline-below'
```

なお、この指定方法は:not(.mini)のぶんクラス数が増えるため、詳細度が上がることになります。

7.6 スタイルのカスタマイズ

CSSを得意とするWeb開発者にとって、Atomの装飾はとても腕が鳴ることでしょう。もし理想のエディタ像をお持ちであればいきなりテーマを作成してみるのもよいですが、そうではない場合はまずユーザースタイルシートを使って小さなことからカスタマイズを試してみましょう。

styles.lessファイルは次の3つの方法で開くことが可能です。

- **Atomメニューの「Stylesheet...」を選択する**
- **設定画面の「Themes」から「your stylesheet」のリンクをクリックする**
- `Application: Open Your Stylesheet`**コマンドを実行する**

スタイルの調べ方

スタイルの調べ方は、第6章で解説したDevToolsのElementsパネルにある要素調査モードを利用します。すでに説明したようにStylesペインに表示されたスタイルは、適用状態を切り替えたり、直接編集して一時的にスタイルを変更することが可能です。

なお、DevToolsを起動しながらstyle.lessファイルを編集するとリアルタイムにDOMの状態やCSSの適用状態を確認できますので、いろいろと試してみるとよいでしょう。

スタイルの編集

それでは、スタイルの設定方法を解説します。まずは、styles.lessファイルに記述してある設定サンプルを見てみましょう。

■通常のスタイリング

styles.lessファイルの中身にもコメントで使い方の説明が書かれています。

```
// style the background color of the tree view
.tree-view {
  // background-color: whitesmoke;
}

// style the background and foreground colors on the atom-text-editor-eleme
nt itself
atom-text-editor {
  // color: white;
  // background-color: hsl(180, 24%, 12%);
}

// To style other content in the text editor's shadow DOM, use the ::shadow
expresion
atom-text-editor::shadow .cursor {
  // border-color: red;
}
```

ファイルには、.tree-viewとatom-text-editorとatom-text-editor::shadow .cursorという3つのCSSセレクタのブロックがあります。コメントの説明から、ツリービューのスタイルを変更する場合は.tree-view

セレクタを、atom-text-editor要素のスタイルを変更する場合はatom-text-editorセレクタを、エディタ(Shadow DOM内部)のスタイルを変更する場合はatom-text-editor::shadow .cursorセレクタのブロックを使うとよいことがわかります。

それでは実際にスタイルを当ててみましょう。たとえばCSSらしくテキストにシャドウを付けるには、次のように指定します。

```
atom-text-editor {
  text-shadow: 0 0 5px rgba(0,0,0,.5);
}
```

ファイルを保存すると、**図7.6**のようにすぐにスタイルが反映されます。

図7.6 テキストシャドウ

```
styles.less
34  atom-text-editor {
35    text-shadow: 0 0 5px rgba(0,0,0,.5);
36  }
37  |
```

このように、AtomはCSSが使えることにより、これまでのエディタと比べて非常に高度で柔軟な装飾が可能となっています。

■Shadow DOM内部へのスタイリング

続いては、Shadow DOM内部へのスタイリングについてです。たとえば、Markdownの見出しに装飾を行いたいとします。DOMツリーは次のようになっています。

```
<atom-text-editor class="editor">
  #shadow-root
    <div class="line">
      <span class="source gfm">
        <span class="markup heading heading-1 gfm">
          # 見出し
        </span>
      </span>
    </div>
</atom-text-editor>
```

そのため、#shadow-rootを無視すれば次のようなCSSでスタイリングできます。

```
.heading-1 {
  font-weight: bold;
}
```

しかし、atom-text-editor要素の内部のスタイルはShadow DOMによってカプセル化されているため、headタグ内で読み込まれているstyle.lessに記述されたスタイルからはShadow DOM内部に触れることができません。そこで、外部からShadow DOM内部にスタイリング可能にするために用意された::shadow擬似要素や/deep/コンビネータや>>>コンビネータを使います。

```
// ::shadow疑似要素を使用した記述
atom-text-editor::shadow .heading-1 {
  font-weight: bold;
}

// /deep/コンビネータを使用した記述
// コンビネータは詳細度に含まれないため、
// ::shadow疑似要素を使用した記述のほうが
// 優先順位は高い
atom-text-editor /deep/ .heading-1 {
  font-weight: bold;
}

// >>>コンビネータを使用した記述
// ただし、執筆時点のLESSはパース不可能
atom-text-editor >>> .heading-1 {
  font-weight: bold;
}
```

::shadow疑似要素と/deep/コンビネータはそれぞれ乗り越えられるShadow Treeの数に違いがありますが、atom-text-editor要素の中のShadow Treeは1つなので、Atomに限ってはどちらの記述もあまり違いはありません。このように、しくみさえ理解してしまえばShadow DOM内部のスタイリングも通常のスタイリングと大きな違いはありません。

なお、::shadow疑似要素と/deep/コンビネータは将来的に非推奨とされており、代わりに>>>コンビネータを使用するようConsoleパネルに注意

が表示されます[注15]。しかし執筆時点では、>>>コンビネータはLESSによるパースが行えないため利用できなくなっています。

■無効化する

スタイルを無効化することも可能です。この場合、要素に指定されているスタイルを上書きして、標準のプロパティに戻すことになります。指定する値は通常の値でもよいですが、もとに戻したい場合はinitial[注16]を利用することもできます。

スタイルの上書きについては、要素調査モードでCSSセレクタに指定されているスタイルを調べて、同様のCSSセレクタを利用してプロパティの値を変更します。その際、Shadow DOM内部であれば、前述の::shadow擬似要素や/deep/コンビネータ(利用可能になれば>>>コンビネータ)の使用を忘れないようにしましょう。

高度なスタイリング

続いては高度なスタイリングについてです。こちらもキーバインドと同様にCSSセレクタを活用します。

■特定のテーマをスタイリングする

気分によってテーマを切り替えているような人の場合、暗めなテーマと明るめなテーマではスタイルが大きく異なるため、変更したスタイル指定はテーマごとに別々に管理したいでしょう。

そういった場合は、atom-workspace要素に指定されているテーマごとのクラスを利用してCSSセレクタを指定します。

```
atom-workspace.theme-seti-syntax {
  atom-text-editor:not(.mini)::shadow {
    .gutter .line-number.git-line-added {
      color: #9fca56;
      }
    .gfm.markup.heading-1 {
      color: #9fca56;
```

注15 https://www.chromestatus.com/features/6750456638341120
注16 https://developer.mozilla.org/ja/docs/Web/CSS/initial

```
    }
    .gfm.markup.heading-2 {
      color: #55b5db;
    }
    .gfm.markup.heading-3 {
      color: #b4b7b6;
    }
  }
}
```

seti-syntaxテーマではtheme-seti-syntaxというクラスを割り当てるようになっているので、これを利用して上記のようにスタイルを設定すると、seti-syntaxテーマが適用されたときのみに適用されるスタイルになります。

■強制的にスタイリングする

Atomでは、DOM上のstyle属性を使ってスタイリングを行っている箇所があります。通常ではあまり変更する必要がない(むしろ変更を加えることによってAtomの画面がおかしくなる可能性が高い)のですが、もしこちらのスタイルを変更したい場合はCSSの!impotantルールを利用することで変更可能です。

!importantルールについてはのちほど「カーソルを装飾する」(217ページ参照)で実際に利用していますので、そちらを参考にしてください。

実用的なスタイリング例

スタイリング方法について説明を終えたところで、ここからは実用的なスタイリングを紹介していきます。

■現在行をハイライトする

現在行を見つけやすくするためにハイライトさせたいという要望はよくあります。普通のエディタであれば設定やプラグインなどを使って実現させるこの機能ですが、Atomでは次のCSSをstyle.lessファイルに記述するだけで実現可能です。

```
atom-text-editor::shadow {
  .cursor-line {
    background-color: rgba(255,255,255,.5);
    border-bottom: 1px solid #fff;
  }
}
```

Atomらしさを活かすのであれば、CSSグラデーションを使ってみるのも楽しいでしょう。次のCSSを記述すると、**図7.7**のようにグラデーションによるハイライトが行われます。

```
atom-text-editor::shadow {
  .line.cursor-line {
    background-image: linear-gradient(
      to right,
      rgba(255,255,255,0) 0%,
      rgba(255,255,255,.8) 100%);
  }
}
```

図7.7 現在行のグラデーションハイライト（One Dark Themeを使用）

```
35 atom-text-editor::shadow {
36   .line.cursor-line {
37     background-image: linear-gradient(
38       to right,
39       rgba(255,255,255,0) 0%,
40       rgba(255,255,255,.8) 100%);
41   }
42 }
43
```

■選択範囲を装飾する

選択範囲の背景色を変更したいという要望もよく耳にします。Atomではテキストを選択すると、div.lines要素直下のdiv.highlights要素にdiv.highlight.selectionとdiv.regionという要素が作られこれを装飾していることから、次のようなCSSセレクタを使うことで選択範囲の背景色を変更できます。

```
atom-text-editor::shadow {
  .selection .region {
    background-color: BlueViolet;
  }
}
```

■カーソルを装飾する

次はカーソルの装飾です。ターミナルなどのソフトウェアでは、設定によってカーソルの点滅を制御したり、表示を「＿」にしたり「□」にしたりできますが、Atomではそういった設定がありません。変更したければCSSで行います[注17]。

```
// カーソルを四角にする
atom-text-editor::shadow {
  .cursor {
  border: none; // 横線を消す
  background-color: rgba(255,255,255,.5);// 背景色を変更
  // 枠線を付けたい場合はこちら
  // border: 1px solid #fff;
  }
}
```

点滅を止めるには次のようにします。

```
atom-text-editor::shadow {
  // .is-focusedがない場合、
  // 非アクティブなペインでカーソルが表示され続ける
  .is-focused .cursors.blink-off .cursor {
    opacity: 1;
  }
}
```

おもしろい試みとして、カーソルを丸くしてみます。

```
atom-text-editor::shadow {
  .cursor {
    height: 10px !important;
    width: 10px !important;
    border: none;
    border-radius: 5px;
    margin-top: 6px;
    background-color: rgba(255,255,255,.9);
    box-shadow: 0px 0px 10px rgba(255,255,255,1);
  }
}
```

カーソルの大きさはstyle属性を使ってHTML上で指定されているた

注17　block-cursorというカーソルカスタマイズ用のパッケージを導入する方法もあります。

め、!importantルールを使用して強制的に変更しています。このCSSを使うと、**図7.8**のようにまるでスポットライトのようなカーソルを作ることができます。

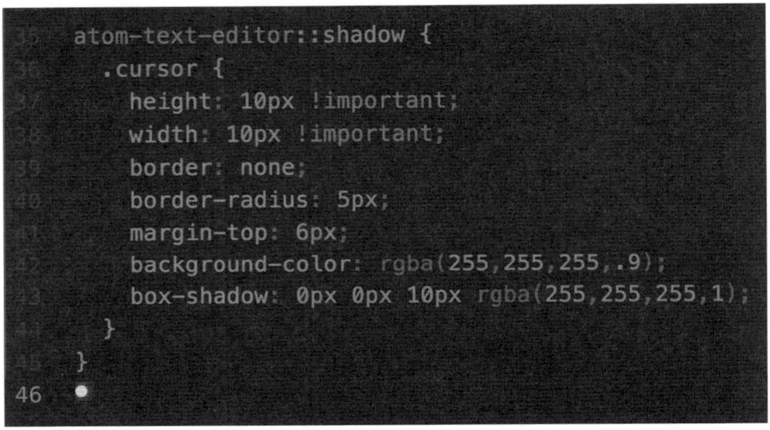

図7.8 丸くしたカーソル（One Dark Themeを使用）

```
35  atom-text-editor::shadow {
36    .cursor {
37      height: 10px !important;
38      width: 10px !important;
39      border: none;
40      border-radius: 5px;
41      margin-top: 6px;
42      background-color: rgba(255,255,255,.9);
43      box-shadow: 0px 0px 10px rgba(255,255,255,1);
44    }
45  }
46  ●
```

■対応する括弧をハイライトする

Atomには対応する括弧を装飾するための要素を追加したり、自動挿入を実現してくれるbracket-matcherという機能がコアパッケージに含まれています。そのため、標準で括弧の位置にカーソルが乗ると、多くのテーマで括弧に装飾（下線）が施されます。

この装飾も選択範囲と同様に、括弧にカーソルが乗ったタイミングでdiv.highlights要素の中に専用の要素が作成されるので、もし下線が気に入らない場合は次のような指定で変更可能となっています。

```
atom-text-editor::shadow {
  .bracket-matcher .region {
    border: none; // 下線を消す
  }
}
```

■本文を装飾する

最後に、本文の装飾を確認しておきましょう。ここまで学んだ知識があれば、基本的に本文の装飾を変更することも可能です。ただし、本文はシンタックステーマによって装飾が行われているため、優先順位を意識したスタイリングが重要となります。

このシンタックステーマですが、さまざまなコンテキストのテキストを装飾するため、LESSが提供する変数機能を利用して色の統一を行っています。この変数はStyleguide: Show(cmd-ctrl-shift-g)で確認できるようになっています。

こちらの変数を再定義できれば本文の装飾を大きく変更できるのですが、style.lessファイルによる設定では行えません。なぜならば、その作業は新しいシンタックステーマを作成することにほかならないからです。

シンタックステーマを作成するには、Package Generator: Generate Syntax Themeコマンドを実行して、パッケージ名を入力することによりひな型の作成が行えます。

詳しくは第8章で解説していますので、そちらを参考にしてください。

第 8 章

テーマとパッケージの作成

8.1 開発ドキュメント

本章ではAtomのパッケージ開発について解説していきます。最近では、プロダクト本体だけでなくドキュメントに注力しているプロジェクトも数多くあり、Atomも公式で詳しいドキュメントを用意しています。Atomのテーマとパッケージを開発する場合は、基本的に次の2つのドキュメントを参照しながら行うことになるでしょう。

Atom Flight Manual

これまでにも本書で何度か参照してきたAtom Flight Manual[注1]は、GitHubのatom/docs[注2]リポジトリで執筆が行われているAtomの公式マニュアルです。原稿ファイルはAsciiDoc[注3](拡張子は.asc)というフォーマットで執筆されており、rakeコマンドを利用して、HTML、EPUB、MOBI、PDFを出力できるようになっています。

構成は次のようになっており、Chapter 3以降がパッケージの作成に関する内容になっています。

- **Chapter 1: Getting Started**
- **Chapter 2: Using Atom**
- **Chapter 3: Hacking Atom**
- **Chapter 4: Behind Atom**
- **Chapter 5: Upgrading to 1.0 APIs**

「3.3 Package: Word Count」と「3.4 Package: Modifying Text」はそれぞれパッケージを、「3.5 Creating a Theme」はテーマを作成するチュートリアルになっているので、最初にぜひ触れておくとよいでしょう。

「3.8 Writing specs」には、Jasmine[注4]を利用したテストの書き方が解説

注1　https://atom.io/docs/latest/
注2　https://github.com/atom/docs
注3　http://asciidoc.org/
注4　http://jasmine.github.io/

されています。Atomには非同期APIがあるため、非同期処理のテストを書くためのサンプルが掲載されています。非同期処理のテストを書いたことのない方にとっては頭を悩ませる部分になると思いますので参考にしてください。

APIリファレンス

Atomのパッケージを本格的に作成する場合にお世話になるのが、Atom API Reference[注5]です。こちらのドキュメントは、Markdownをベースにした Atomdoc[注6]というコードドキュメント形式で、Atomのソースコードに埋め込まれているコメントをもとに生成されています。

また、AtomはNode.jsのAPIにも直接アクセスして利用することが可能であるため、Node.jsのドキュメント[注7]も重要なリファレンスになります。

たとえばAtom APIの一部はNode APIのラッパとして実装されているものがあるため[注8]、より詳しい動作を知りたい場合はNode.jsのAPIを参照

注5　https://atom.io/docs/api/
注6　https://github.com/atom/atomdoc
注7　https://nodejs.org/api/
注8　BufferedProcessはChild Processのラッパになっています。

筆者がパッケージを作成するときの調べ方　Column

筆者がAtomのパッケージを作成する場合、まずは作りたいパッケージと似たような動作をするコアパッケージのコードを読むことから始めています。

たとえば、保存と同時に何か処理を実行するようなパッケージを作りたい場合は、保存と同時に空白文字を除去するwhitespace[注a]が参考になるだろうと目星を付け、こちらのコードを参考にしてパッケージの設計を考えるといった具合です。

Atomグループ[注b]で公開されているパッケージは、APIのしくみをうまく利用して処理の最適化やパフォーマンスへの影響も最小限に抑えた設計になっているため、ぜひ参考にしましょう。

注a　https://github.com/atom/whitespace/
注b　https://github.com/atom

することになるでしょう。

8.2 開発の準備

それでは実際にAtomのパッケージを作成してみましょう。その前にいくつか準備しておきたいことがあるので、確認していきます。

プロジェクトホームの確認

プロジェクトホームは、Atomのコア設定Project Homeで設定できる値です。

Atomのパッケージを作成する際、ひな型を作成する`Package Generator: Generate Package`コマンドを実行して開発を開始することが一般的ですが、このコマンドを実行した際に生成されるひな型となるディレクトリは、この設定で指定されているディレクトリに作成されるようになっています。テーマ作成の際にも同じディレクトリが利用されます。

そのため、あなたのお好みで設定を変更しておくとよいでしょう。

開発モードの起動

開発モードは、Atomの起動オプションの一つです。`atom`コマンドに`-d`もしくは`--dev`オプションを付ける、あるいは起動中のAtomから`Application: Open Dev`、もしくはViewメニューから「Developer」→「Open in Dev Mode...」を選択し、起動したいディレクトリを指定することで起動可能です。開発モードで起動中のAtomは、ステータスバーの左に赤い四角のアイコンが表示されます。

開発モードで起動したAtomは、通常起動と異なり`.atom/dev`以下のディレクトリも読み込んで起動します[注9]。

パッケージ開発の際、動作確認のため`.atom/packages`にパッケージを配

注9　`.atom/`以下は通常どおり読み込まれます。

置してしまうと、そのパッケージが公開されているパッケージの場合apmによってアップデートされるようになってしまいます。そこで、開発中のパッケージは.atom/dev/packagesにパッケージを配置しておき開発モードで動作検証を行い、実際に利用するパッケージは公開後にapmから.atom/packagesにインストールした安定版を利用する方法が一般的となっています。

.atom/dev/packages以下へパッケージを配置するには、apmコマンドを利用してシンボリックリンクを作成します。この流れについては実際のパッケージ作成の中で解説していきます。

8.3 サンプルテーマの作成

それでは実際にテーマを作成してみましょう。ここではシンタックステーマを作成していきます。

ひな型の作成

Atomにはシンタックステーマのひな型を生成するPackage Generator: Generate Syntax Themeというコマンドが用意されていますので、まずはこちらを実行します。すると、テーマリポジトリを作成するパスの入力を求められるので、好きな名前を入力してenterを実行します[注10]。

すると**図8.1**のファイルが自動生成され、このディレクトリをプロジェクトルートとしたAtomのウィンドウが自動的に開きます。

また、コマンド実行時に自動的に.atom/packages/my-theme-syntaxにリポジトリへのシンボリックリンクを作成します。そのため、設定画面のテーマ設定から選択できるようになっています[注11]。

もし公開する場合は、パッケージのアップデートによって上書きされる可能性があるため、次のコマンドを利用して.atom/packagesのシンボリッ

注10　ここでは、標準の「my-theme-syntax」と入力します。
注11　標準では「My」という名前になっています。

図8.1 Package Generator: Generate Syntax Themeで自動生成されるファイル

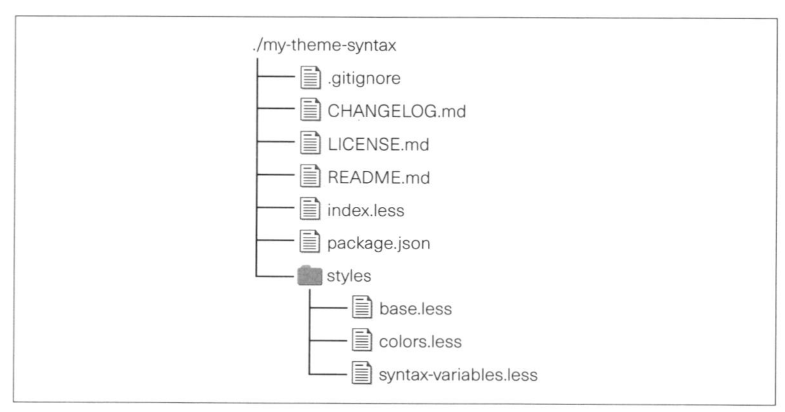

クリンクは削除して、dev以下にリンクしなおすとよいでしょう。

```
$ cd ~/github/my-theme-syntax
$ apm unlink ←.atom/packagesのシンボリックリンクを削除
Unlinking /Users/tomoya/.atom/packages/my-theme-syntax ✓
$ apm link -d ←.atom/dev/packagesへシンボリックリンクを作成
/Users/tomoya/.atom/dev/packages/my-theme-syntax -> /Users/tomoya/github/m
y-theme-syntax
```

ライブリロード

ライブリロードは、適用中のテーマを保存と同時に読み込みなおす機能です。すぐに表示を確認したいテーマ開発の際ぜひ利用したい機能ですが、この機能は開発モードでAtomを起動してテーマを編集するだけで利用できるようになっています。

まずは、次のようにして開発モードでAtomを起動します。

```
$ cd ~/github/my-theme-syntax
$ atom . -d
```

そして、Atomシンタックスのテーマを編集したいテーマへと変更します。すると、テーマのLESSファイルを保存するだけで自動的にテーマがリロードされるようになります。これで実際の変更を確認しながらテーマを作成できるようになりましたので、あとは好きなテーマを実装するだけです。

実装

シンタックステーマの実装は、主にLESSファイルを編集します。Atomは自動生成されるテーマファイルに基本的な要素への値指定が記述されているため、この中の値を変更するだけでほとんどの変更は完了します。

ですが、UIテーマを作成する場合やほかのパッケージ作成時にスタイルを変更する場合のために、ここでパッケージのしくみについてより詳しく確認しておきます。そのあとサンプルテーマを作成してみます。

■package.jsonを設定する

UIテーマとシンタックステーマの指定は、package.jsonで指定されています。package.jsonはNodeモジュールで利用されているしくみであり、npmのドキュメントに仕様が記述されています[注12]。Atomもこのしくみを利用してパッケージを管理しています。さっそく、先ほど自動生成されたテーマのpackage.jsonを見てみましょう。

```
{
  "name": "my-theme-syntax",
  "theme": "syntax",
  "version": "0.0.0",
  "description": "A short description of your syntax theme",
  "keywords": [
    "syntax",
    "theme"
  ],
  "repository": "https://github.com/atom/my-theme-syntax",
  "license": "MIT",
  "engines": {
    "atom": ">=1.0.0 <2.0.0"
  }
}
```

通常のNodeモジュールとは異なり、Atomのテーマパッケージでは

注12　https://docs.npmjs.com/files/package.json

"theme"キーが必須となっています。こちらに"syntax"か"ui"を指定すると公開されたテーマは公式サイトから検索できるようになり、設定画面のテーマ設定から選択できるようになります。

"name"キーは公開時のパッケージ名として使用されます。UIとシンタックスを区別するため、それぞれ末尾に「-ui」と「-syntax」を付けることが慣例となっていますが、my-theme-syntaxがテーマ設定の選択一覧で「My」と表示されていることからわかるように、themeやsyntaxという文字列は非表示になります。

"keywords"はAtom.ioにおいてこの値を使ってタグのようなしくみを提供しているので、適切なキーワードを付けておきましょう。そして、"engines"はNode.jsではなくAtomのバージョンを指定するようになっています。

そのほかのキーについては基本的にNodeモジュールと同じ扱いになっているので、適切に値を設定しておきましょう。

■ LESSの読み込み法則について

LESSの読み込み法則について触れておきます。Atomのパッケージはstylesディレクトリにある LESSファイルを読み込みますが、読み込む場所はheadタグのatom-styles要素になっています。しかし、シンタックステーマの場合エディタ内部へのスタイリングとなるため、自動的にatom-text-editor要素の#shadow-root内のatom-styles要素の中で読み込まれるようになっています。

Shadow DOMの内部から#shadow-rootを選択するには、:host疑似要素を利用します。自動生成されたbase.lessファイルが次のように`atom-text-editor, :host`をCSSセレクタとして指定しているのはそのためです。

```
@import "syntax-variables";

atom-text-editor, :host {
  background-color: @syntax-background-color;
  color: @syntax-text-color;
```

もし、シンタックステーマ以外のパッケージからatom-text-editor要素内部に適用したいスタイルがある場合どうすればよいでしょうか。その場合の答えは2つあります。1つは、第7章で解説した::shadow擬似要素と/deep/コンビネータを使う方法です。もう1つは、Context-Targeted Style

Sheetsというしくみを利用する方法です。

Atomのパッケージでは、LESSファイル名にatom-text-editor.lessという名前を付けておくと、シンタックステーマのように自動的にatom-text-editor要素内で読み込まれるようになります。つまり、**図8.2**のように用途に応じて名前を付けたLESSファイルを用意しておくだけで、Atomが自動的に読み込み場所を切り替えてくれるようになっています。

図8.2 スタイルを適用する要素をファイル名で切り替える

■スタイルを実装する

スタイル実装に必要な作業を整理しておきましょう。シンタックステーマの場合は、base.less、colors.less、syntax-variables.lessという3種類のLESSファイルが生成されていますが、この中のbase.lessファイル以外は変数の定義になっています。つまり、実際のスタイリングはbase.lessの中でのみ行われています。

自動生成されるファイルでは基本的な要素のスタイルのみが定義されているので、より汎用的なテーマを作成したい場合は、公式テーマであるone-light-syntax[注13]やone-dark-syntax[注14]のコードを参考にするとよいでしょう。

UIテーマの場合は作業がさらに多くなります。基本的にはまず、ui-variables.less[注15]というAtomのUIで使用されるスタイル変数を定義することから始まります。そのうえで、タブやツリービューやステータスバーなど、各コンポーネントに対してスタイルを適用していきます。

もし実際にUIテーマを作成する場合、最初はone-dark-ui[注16]などをベースに作成してみるとよいでしょう。

注13 https://github.com/atom/one-light-syntax
注14 https://github.com/atom/one-dark-syntax
注15 https://github.com/atom/atom/blob/master/static/variables/ui-variables.less
注16 https://github.com/atom/one-dark-ui

■本文スタイルを作成する

本文スタイルを変更するには、colors.lessとsyntax-variables.lessを編集します。

まずはcolor.lessを編集して好きなカラーの変数を定義していきます。

```
// colors.less
@very-light-gray: #ECEFF1;
@light-gray: #78909C;
@gray: #455A64;
@dark-gray: #37474F;
@very-dark-gray: #263238;

@cyan: #4DD0E1;
@blue: #4FC3F7;
@purple: #AB47BC;
@green: #E6EE9C;
@red: #E91E63;
@orange: #FFB74D;
@light-orange: #FFD54F;
```

そして、syntax-variables.lessに定義したカラーの変数を割り当てていきます。

```
// syntax-variables.less
// 本文、カーソル、選択範囲などのカラー
@syntax-text-color: @very-light-gray;
@syntax-cursor-color: white;
@syntax-selection-color: lighten(@very-dark-gray, 10%);
@syntax-background-color: @very-dark-gray;

// ガイド線などのカラー
@syntax-wrap-guide-color: @cyan;
@syntax-indent-guide-color: @gray;
@syntax-invisible-character-color: @gray;

// 検索と置換の枠線のカラー
@syntax-result-marker-color: @green;
@syntax-result-marker-color-selected: white;

// ガターのカラー
@syntax-gutter-text-color: @very-light-gray;
@syntax-gutter-text-color-selected: @syntax-gutter-text-color;
@syntax-gutter-background-color: @very-dark-gray;
@syntax-gutter-background-color-selected: @dark-gray;
```

```
// ガターなどでGitによる変更箇所のカラー
@syntax-color-renamed: @blue;
@syntax-color-added: @green;
@syntax-color-modified: @orange;
@syntax-color-removed: @red;
```

するとこれだけで、本文色に自分の好きなカラーを利用したシンタックステーマが完成します(**図8.3**)。

図8.3 **完成したシンタックステーマ**

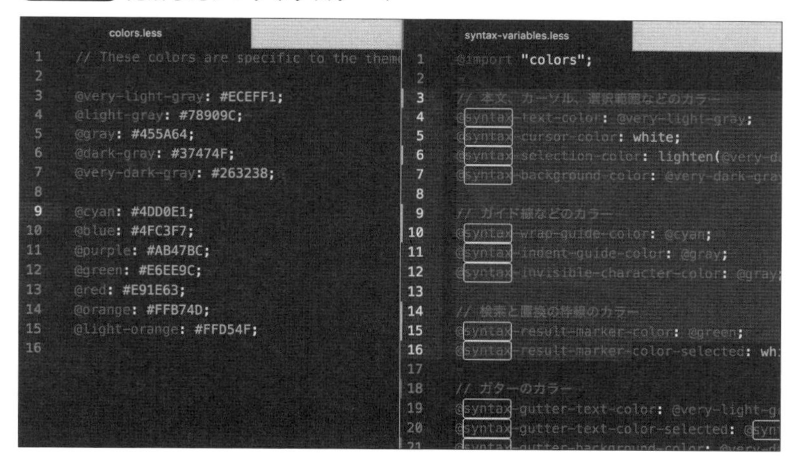

カラーを編集する際は、第5章で紹介したpigmentsやcolor-pickerを利用すると、カラーコードの編集をリアルタイムで確認しながら行えます。

より詳細にテーマを調整したい場合は、base.lessを編集していきましょう。

8.4 サンプルパッケージの作成

テーマの次はパッケージを作成してみましょう。Atomではパッケージの作成言語として当初はCoffeeScriptのみサポートしていましたが、現在ではJavaScriptとTypeScriptも利用できるようになっているので、お好みの言語で作成しましょう。

なお、JavaScriptは"use babel";と宣言することでECMAScript 6の機能が利用できます。

ひな型の作成

テーマと同じようにPackage Generator: Generate Packageコマンドでひな型を生成できます。実行するとパッケージリポジトリを作成するパスの入力を求められるので、好きな名前を入力してenterを実行します[注17]。

すると**図8.4**のファイルが自動生成され、このディレクトリをプロジェクトルートとしたAtomのウィンドウが自動的に開きます。

図8.4 Package Generator: Generate Packageで自動生成されるファイル

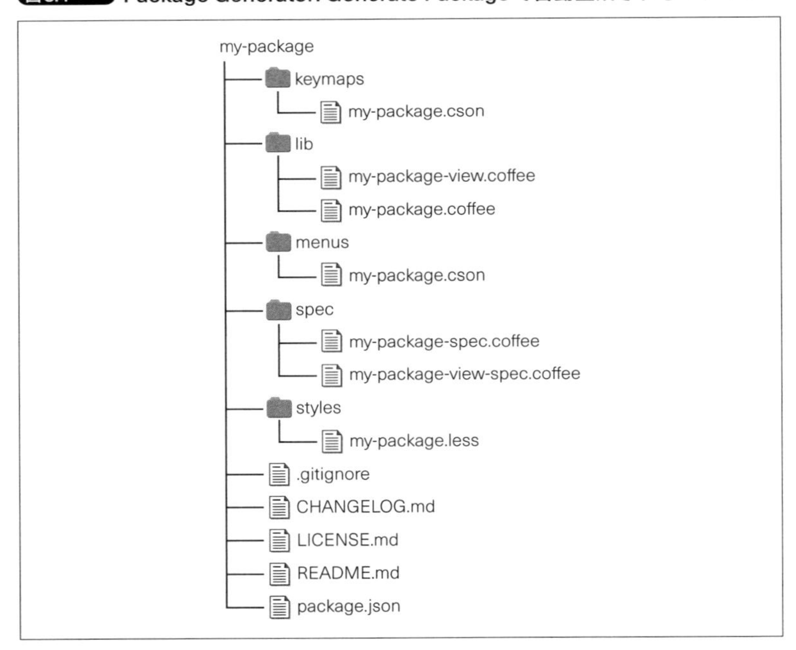

こちらのコマンドも自動的に.atom/packages/my-packageにシンボリックリンクを作成します。もしパッケージを公開する場合は、dev以下へリ

注17　ここでは、標準の「my-package」と入力します。

ンクを変更しておきましょう。

実装

パッケージの実装は、主にlib以下のファイルを編集します。メニューやキーバインド、スタイルを提供する場合は、必要に応じてmenus、keymaps、styles以下のファイルを編集します。

また、テストコードはspec以下に記述します。Travis CIを利用したCI環境も簡単に構築できるようになっているので、テストコードを記述した場合は、CIの設定も行うとよいでしょう。

■package.jsonを設定する

パッケージもテーマと同じくpackage.jsonで管理しています。パッケージ固有の設定を確認しておきます。自動生成されたpackage.jsonを見てみましょう。

```
{
  "name": "my-package",
  "main": "./lib/my-package",
  "version": "0.0.0",
  "description": "A short description of your package",
  "keywords": [
  ],
  "activationCommands": {
    "atom-text-editor": "my-package:toggle"
  },
  "repository": "https://github.com/atom/my-package",
  "license": "MIT",
  "engines": {
    "atom": ">=1.0.0 <2.0.0"
  },
  "dependencies": {
  }
}
```

テーマと異なる点として、"theme"キーがなくなった代わりに、"main"、"activationCommands"、"dependencies"という3つのキーが増えていることがわかります。

"main"キーには、パッケージのエントリポイントを指定します。拡張子は不要です。もし記述がない場合はindex.coffee、index.ts、もしくはindex.jsを探すようになっています。

"activationCommands"キーは、その名のとおりパッケージをアクティベート(起動)するためのコマンドを指定しています。アクティベーション(活性化)とは、Atomウィンドウにおいてパッケージが読み込まれ利用可能な状態にあることを意味します。つまりアクティベートされていないパッケージは読み込まれておらず、まだ利用できない状態ということになります。パッケージ自体の有効/無効を切り替えるEnable/Disableとは少し意味が異なっています。

Atomは起動時に.atom/packages以下をチェックしてパッケージを読み込んでいきますが、package.jsonに"activationCommands"キーを持つパッケージは読み込みをスキップするようになっています。そしてactivationCommandsのみ実行可能にして、このコマンドが実行されたときにはじめてパッケージを読み込むしくみになっています。この機能を用いることで初回起動時に不要なパッケージの読み込みを制限できるので、コマンドを実行するまで利用することのないパッケージにはできるだけ"activationCommands"を記述しておくとよいでしょう。

次に"dependencies"キーですが、こちらには依存するNodeモジュールを指定します。こちらにNodeモジュールを記述した場合はモジュールのインストールが必要になります。モジュールの利用についてはのちほど「Nodeモジュールの利用」(243ページ)で詳しく解説していきます。

■コマンドを作成する

それでは実際にコマンドを作成してみましょう。たとえば、カレントバッファに現在の日付を挿入するコマンドを作成したい場合は次のようなコードで実装できます。こちらのサンプルコードについてはtomoya/insert-date[注18]に公開していますので、詳しくはこちらを参照してください。

my-package.coffee
```
{CompositeDisposable} = require 'atom'

module.exports = InsertDate =
  subscriptions: null
```

注18 https://github.com/tomoya/insert-date

```
activate: -> ❶
  @subscriptions = new CompositeDisposable    ❷
  @subscriptions.add atom.commands.add 'atom-text-editor',    ❸
    'insert-date:current-editor': => @insertDate()

deactivate: ->
  @subscriptions.dispose()

insertDate: ->
  editor = atom.workspace.getActiveTextEditor()
  editor.insertText(new Date().toLocaleString())
```

このパッケージがアクティベートされると❶のactivate()以下が実行されますが、この関数の中身は❷でイベントをひとまとめに集約しておくだけのサブスクリプションインスタンスを作成し、❸でサブスクリプションに対してコマンドを追加するという動作になっています。

追加されるコマンドはInsert Date: Current Editorで、このコマンドの中身はinsertDate()になっています。そして、insertDate()は実行時のアクティブなエディタを取得し、new Date().toLocaleString()を挿入するという単純な内容になっています。

パッケージがデアクティベート(停止)されるとdeactivate()以下が実行され、アクティベートの際に作成されたイベントサブスクリプションが破棄されます。

なお、CompositeDisposableは、サブスクリプションに追加されたイベントを一度にすべて破棄できるしくみを提供してくれているだけにすぎません。この例では1つしか追加していませんが、複数のイベントを扱う場合は、1つのインスタンスを破棄するだけですべてのイベントを無効化できるとても便利なしくみを提供しています。

実際に追加したコマンドを利用するには、package.jsonの更新も必要です。「package.jsonを設定する」(233ページ)で解説した"activationCommands"キーによって読み込まれないようになっているためです。"activationCommands"のキーと値を削除しても動作しますが、このパッケージではコマンドを実行するまで読み込む必要がありませんので、先ほど追加したコマンドを値にセットしましょう。また、ついでにパッケージ名や説明、リポジトリのURLなども更新しておきましょう。

package.json
```
{
  "name": "insert-date",
 (中略)
  "description": "An example Atom package for inserting date on cusor",
 (中略)
  "activationCommands": {
    "atom-text-editor": "insert-date:current-editor"
  },
 (中略)
  "repository": "https://github.com/tomoya/insert-date",
 (後略)
```

ここまで記述すれば、次回のAtom起動時(もちろんリロードでも大丈夫です)から、Insert Date: Current Editorコマンドを実行できるようになります。

■テストを書く

次は、先ほどのパッケージのテストを書いてみましょう。テスト環境を構築するためのコードを含むため少し長くなっていますが、コマンドの動作をテストしているコードはit "runs"以下の2行です。

```
describe "InsertDate", ->
  # テスト内で使用する変数を定義する
  [textEditor, activationPromise, textEditorElement] = []

  beforeEach ->
    # パッケージをアクティベートする関数を変数に代入する
    activationPromise = atom.packages.activatePackage('insert-date')

    waitsForPromise -> ❶
      # atom-workspaceを作成する
      atom.workspace.open().then (editor) ->
        # エディタを定義する
        textEditor = editor
        # atom-text-editor要素を定義する
        textEditorElement = atom.views.getView(textEditor)

    runs ->
      # コマンドを実行し、アクティベート可能にする
      atom.commands.dispatch textEditorElement, 'insert-date:current-editor'
```

```
    waitsForPromise -> ❷
      # パッケージをアクティベートする
      activationPromise

  describe "insert-date:current-editor", ->
    beforeEach ->
      # バッファを空にする
      textEditor.setText("")

    it "runs", ->
      # コマンドを実行する
      atom.commands.dispatch textEditorElement, 'insert-date:current-editor'
      # バッファ内のテキストを比較する
      console.log(textEditor)  ❸
      expect(textEditor.getText()).toBe new Date().toLocaleString() ❹
```

こちらのテストは、コマンドを実行後に❹のtextEditor.getText()メソッドでバッファ内のテキストを取得し、コマンドによって挿入されるテキストと一致しているかどうかを検証しています。

Atomのテストでは、擬似的にAtomウィンドウ(atom-workspace)を生成し、その中でバッファを開いてコマンドを実行できます。新規ファイルの作成やパッケージのアクティベートは非同期であるため、❶や❷で利用しているwaitsForPromiseというAtomが拡張して提供しているJasmineのAPIを利用しています。

■テストを実行する

テストを実行するには、パッケージをプロジェクトとして開いているAtomウィンドウからWindow: Run Package Specs(ctrl-cmd-alt-p)を実行する、あるいはターミナルからパッケージのディレクトリでapm testコマンドを実行します。

Window: Run Package Specsを実行した場合は、新規ウィンドウが開いてテストの実行結果が表示されます。もし、テストコードなどに❸のようなconsole.logを仕込んだ場合は、**図8.5**のようにこの画面でDevToolsを開くことでConsoleパネルに出力された結果を確認できます。

なお、Atomに同梱されているJasmineのバージョンは本書執筆時点で1.3になっています。こちらはAtomのソースコードのvendor/jasmine.jsのファイル末尾の記述から確認できます。

図8.5 Window: Run Package Specsの結果表示

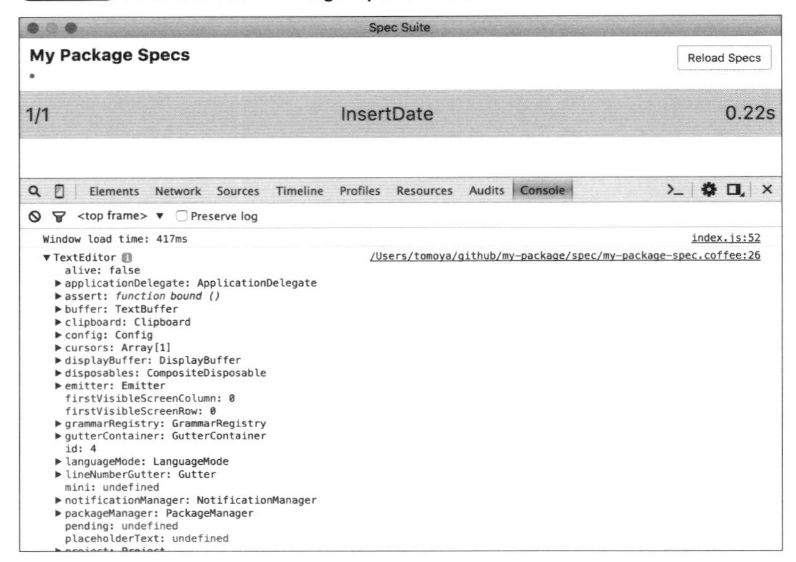

8.5 本格的なパッケージ開発

ここまで紹介した基本的なパッケージの作成方法は、Nodeモジュールの作成とほぼ変わりありません。要するに、package.jsonとスクリプトファイルを作成するだけでパッケージとしてAtomへ機能を提供できるようになるということですが、AtomがNode.jsによって動作しているのを思い返せば自然だと言えるでしょう。

そんなAtomのパッケージですが、中には通常のNodeモジュールには存在しないAtomだけの特別な仕様があります。ここではそういったAtomの仕様に基づいた、より高度なパッケージ開発について解説していきます。

シンタックスの作成

第6章「シンタックスによる値付け」(188ページ)でも解説しましたが、Atomの構文解析はそれぞれのパッケージが提供しています。

シンタックスを追加するのはとても簡単です。パッケージのディレクトリにgrammarsという名前のディレクトリを作成して、その中に好きな名前で必要な数だけcsonファイルを定義するだけです。パッケージがアクティベートされると、自動的にシンタックスがAtomに追加されます。

スニペットの作成

パッケージからスニペットを提供することも可能です。シンタックスと同じようにsnippetsというディレクトリを作成して、好きな名前でcsonファイルを配置するだけで、パッケージのアクティベートと同時に利用可能になります。

スニペットの作成方法については、第7章「スニペットのカスタマイズ」(201ページ)で解説したとおりです。

シンタックスと組み合わせて構文解析を行うと同時にスニペットも提供するパッケージが多くあります。

メニューの作成

パッケージからメニューを操作する方法について解説します。こちらもmenusというディレクトリを作成し、csonファイルを配置するだけです。

ただし、Atomには「アプリケーションメニュー」と「コンテキストメニュー」の2種類のメニューが存在しており、それぞれの定義に少し違いがあります。

■アプリケーションメニュー

まずはアプリケーションメニューからですが、menuというキーをルートとして定義を行います。たとえば、Packagesメニューに追加したい場合は次のようなコードになります。

```
'menu': [
  {
    'label': 'Packages'
    'submenu': [
      'label': 'Insert Date'
      'submenu': [
```

```
        {
          'label': 'Current Editor'
          'command': 'insert-date:current-editor'
        }
      ]
    ]
  }
]
```

メニューの定義で使用するキーについては**表8.1**を確認してください。

表8.1 メニュー定義に使用できるキー一覧

キー	説明	値のタイプ
menu	メニューを定義するためのルートキー。必須	配列
label	メニューに表示される名前を定義する。すでに存在していればそこへ追加する。必須	文字列
submenu	サブメニューを定義する	配列
command	選択時に実行するコマンドを指定する	文字列

メニューの選択によってコマンドを実行したい場合は、labelとcommandキーにそれぞれ適切な値をセットします。commandの値はキーバインドなどの指定と同じ形式です。必要に応じてsubmenuを利用することで、メニューの中に階層を作ることができるようになっています。

■コンテキストメニュー

次はコンテキストメニューですが、アプリケーションメニューと同じようにcontext-menuというキーをルートとして定義するだけでコンテキストメニューを追加できます。

メニューの定義に使用するキーについてはアプリケーションメニューと同じですが、一つ異なる点として、メニューの定義前にメニューを表示させる場所、つまりDOM上のどこを右クリックするとメニューが表示されるのかをキーバインドと同じようにCSSセレクタで指定します。

たとえばエディタにコンテキストメニューを追加する場合は次のようになります。

```
'context-menu':
  'atom-text-editor': [
    {
      'label': 'Insert Date'
      'command': 'insert-date:current-editor'
    }
  ]
```

設定ファイルの利用

これまで紹介してきたいくつかのパッケージには、パッケージ設定を持つものがありました。つまり、パッケージ作者は必要に応じて設定画面に設定項目を追加して、ユーザーの好みに応じてパッケージの動作を変更してもらうことが可能になっています。

パッケージに設定を追加するには、画面などを用意する必要はありません。package.jsonに"configSchema"キーを使って次のようなコードを追加するだけで、自動的に**図8.6**のような設定画面を用意してくれます。

```
"configSchema": {
  "format": {
    "order": 1,
    "type": "string",
    "default": "YYYY-MM-DD",
    "enum": ["YYYY-MM-DD", "MM-DD-YYYY", "MM/DD/YYYY"],
    "description": "Insert format"
  },
  "useCustomFormat": {
    "order": 2,
    "type": "boolean",
    "default": false,
    "description": "Enable it if you want to use custom format."
  },
  "customFormat": {
    "order": 3,
    "type": "string",
    "default": "D/MMM/YYYY",
    "description": "Custom date format string. See ref: http://momentjs.com
/docs/#/displaying/format/"
  }
},
```

図8.6 自動作成された設定画面

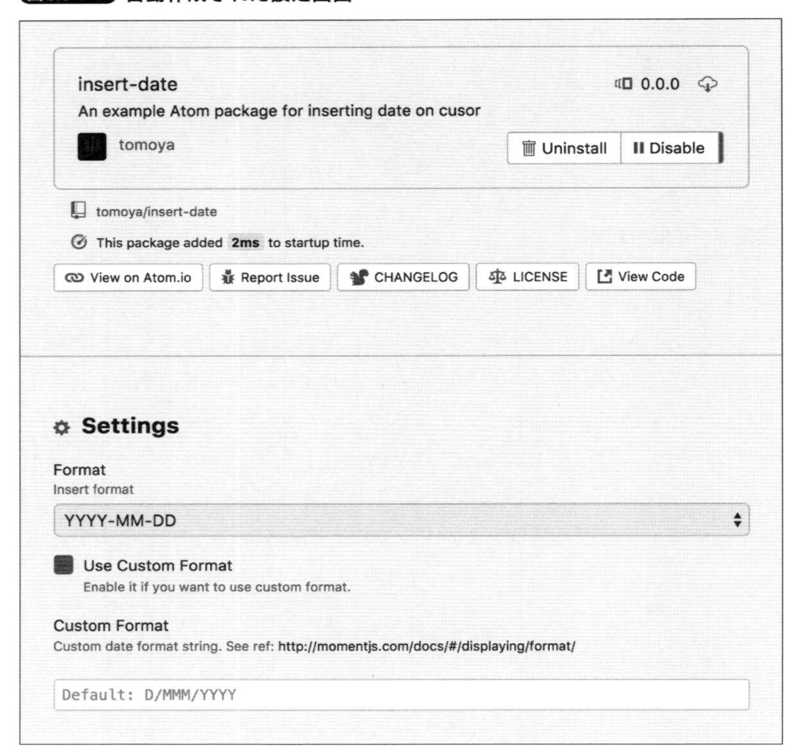

上記のコードはコンフィグスキーマを作成しています。Atomはpackage.jsonの中に"configSchema"キーを見つけると、自動的にパッケージの固有設定画面を提供します。コンフィグスキーマはJSON Schemaを参考にして設計されており、typeキーを使った型の定義が可能となっています。なお、コンフィグスキーマはpackage.jsonではなくソースコード（たとえばmy-package.coffee）に記述することもできますが、現在はpackage.jsonに記述する方法が標準になっています。

コンフィグスキーマの詳しい定義については、Atom APIリファレンスドキュメントのConfig[注19]を参照してください。

注19　https://atom.io/docs/api/latest/Config

Nodeモジュールの利用

Atomのパッケージはほとんど同じという説明をしてきましたが、その象徴として、本物のNodeモジュールをインストールしてパッケージの中で自由に利用することが可能になっています。つまり、AtomはNode.jsの持つ資産がすべて利用できるということにほかなりません。

利用方法はとても簡単です。Nodeモジュールを利用したことがある人はおわかりだと思いますが、package.jsonファイルのdependenciesキーの中に次のように依存するモジュールを定義するだけです。この設定により、パッケージのインストールの際には自動的に依存モジュールがイントールされます。

```
"dependencies": {
  "moment": "^2.11.0"
}
```

開発時には自分で随時インストールする必要がありますが、`npm install`コマンドを利用するNodeモジュールと異なり、Atomの場合は`apm install`コマンドを利用します。もしパッケージディレクトリをAtomで開いている場合は、`Update Package Dependencies: Update`コマンドを実行することで依存モジュールのインストールが行えます。

インストールしたモジュールを利用する場合は、Nodeモジュールと同じようにrequireが必要になりますので、次のようにして読み込んで利用しましょう。

```
moment = require 'moment'
```

最終的にパッケージ固有の設定やNodeモジュールを組み込んで完成したパッケージはtomoya/insert-date[注20]リポジトリで確認してください。

注20　https://github.com/tomoya/insert-date

8.6 パッケージの公開

作成したパッケージは誰でも自由にAtom Packagesのページで公開し、世界中のAtomユーザーに利用してもらうことができます。公開手順は次のとおりです。

❶GitHubのアカウントを作成する

❷Atom公式サイトからサインインを行い、GitHubのアプリケーションとして認証する

❸GitHubにパッケージのパブリックリポジトリを作成する

それでは順を追って公開までの流れを確認してみましょう。

アカウントの作成

Atom.ioのアカウント作成は、GitHubアカウントとのOAuth認証によって行われます。そのためGitHubのアカウントを持っていない方は、まず先にGitHubのアカウントを作成します。アカウント作成後ログインした状態で、Atom.ioサイト右上の「Sign in」のリンクをクリックするとGitHubサイトへ遷移します。そこで「Authorize application」ボタンを押して認証を完了すると、Atom.ioのアカウント作成とログインが完了します。ログインすると、右上のユーザー名をクリックして開いたページからAPIトークンを取得できるようになります。

これでパッケージ公開の準備が整いました。パッケージの公開作業は、パッケージリポジトリからapmコマンド利用して行えるようになっています。npmやgemなどの作成経験がある人にとっては、これもまた馴染みある作業です。

パッケージの登録と削除

パッケージを登録するには、パッケージリポジトリのディレクトリからapm publishコマンドを実行するだけです。このコマンドを実行すると次の操作が行われます。

❶Atom.ioにパッケージページを作成する（同名のパッケージがある場合はエラーが発生する）

❷package.jsonのバージョンを更新する

❸Gitリポジトリにバージョンタグを作成する

❹タグとブランチをGitHubリポジトリにpushする

❺Atom.ioのパッケージページを最新バージョンへと更新する

コマンドを実行すると、初回のみAPIトークンを入力する必要があります。先ほどアカウントを作成して取得したAPIトークンを入力しましょう。

公開したパッケージを削除したい場合は`apm unpublish <パッケージ名>`コマンドを実行します。

パッケージのメンテナンス

公開したパッケージに機能を追加したり、バグを修正したり、誰かから受け取ったPull Requestを取り込んだりしてバージョンを更新したい場合は、公開時と同じように`apm publish`コマンドを利用して最新バージョンをリリースします。

Atomパッケージのバージョンはセマンティックバージョニング[注21]を採用しており、Gitのタグとpackage.jsonファイルの記述をもとに管理されています。

ただ、このリリース作業においても直接package.jsonファイルを編集したり、タグを作成する必要はありません。Atomでは`apm publish`コマンドに**表8.2**の引数を与えるだけで、公開時と同じように自動的にバージョンを更新しリリースを実行してくれるようになっているのです。

表8.2 apm publishによる更新で使用する引数（現バージョンが0.0.0の場合）

引数	変更後のバージョン	説明
major	1.0.0	APIの変更に互換性のない場合
minor	0.1.0	後方互換性がある機能を追加した場合
patch	0.0.1	後方互換性があるバグ修正をした場合

注21　http://semver.org/

つまり、もしバグを修正して更新したい場合はapm publish patchを、後方互換性のある機能を追加した場合はapm publish minorという風にコマンドを実行していきます。逆に特定のバージョンを非公開にしたい場合は、apm unpublish <パッケージ名>@1.2.3というように、バージョン番号を付けて実行します。

パッケージの名前に問題があった場合リネームすることも可能です。その場合は、削除するのではなくapm publish --rename <新パッケージ名>コマンドを利用しましょう。このコマンドを実行すると、自動的にpackage.json内のnameが書き換えられて更新されます。

このように、AtomではNode.jsやGitHubなどAtom以外のコミュニティやサービスを利用してエコシステム[注22]を構築することで、とても快適なパッケージ作成と管理を実現しています。ぜひみなさんもおもしろいパッケージを作成して、Atomライフをエンジョイしてください。

注22　ソフトウェアエコシステム（https://en.wikipedia.org/wiki/Software_ecosystem）は本来の意味である食物連鎖ではなく、開発者、コミュニティ、組織、サービスなどが、それぞれの持つ興味関心や技術などをシェアすることによって相互革新が生み出されるしくみです。詳しくは次の論文を参照してください。
http://thesai.org/Downloads/Volume4No8/Paper_33-Software_Ecosystem_Features,_Benefits_and_Challenges.pdf

Appendix A

最新情報の入手と開発への参加

A.1 最新情報を入手するには

Atomは GitHub上で開発されているため、コミットログやIssueなどにより、最新情報だけでなく過去の更新情報についても調べやすくなっています。本体のみならずパッケージについても同様で、わからないことがあればすぐにソースやコミットログ、Issueを確認できます。本書を執筆するうえでもとても頼りになりました。

ただ情報量が多すぎると、逆にどこを見ればよいのか最初のうちは戸惑ってしまうこともありますので、ここではAtomの開発を追っていくうえで筆者が行っていることを中心に解説していきます。

ソースコードの入手とビルド

AtomのソースコードはGitHubのページ[注1]から入手可能です。ただしAtomはこのリポジトリのみで完結しているソフトウェアではなく、Atomを動かしているフレームワークのElectron、Atom上で動作しているコアパッケージなど、さまざまなソフトウェアがそれぞれのリポジトリで開発されていて、ビルド時にはこれらをダウンロードするようになっています。

ソースコードはGitHubからアーカイブをダウンロードすることでも入手可能ですが、Gitを利用できる環境であればリポジトリをcloneするとよいでしょう。また、続けて次のコマンドを実行することで、入手したコードを利用してAtomをビルドできます。

```
$ git clone git@github.com:atom/atom.git
略
$ cd ./atom
$ ./script/build
Node: v4.2.6
npm: v2.13.3
Installing build modules...
=> Took 10517ms.
（中略）
```

注1　https://github.com/atom/atom/

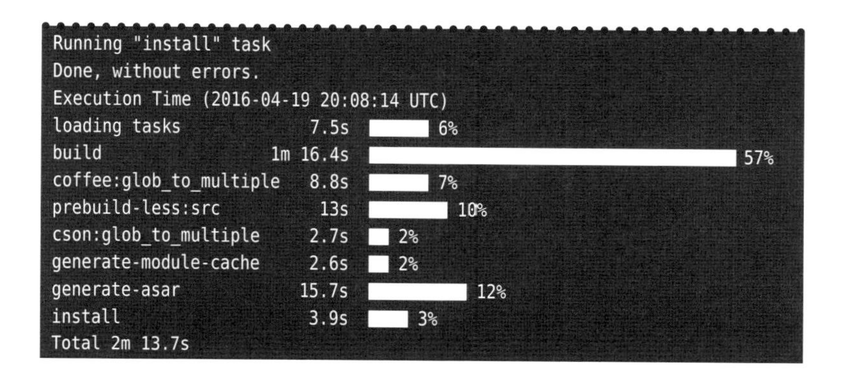

ビルドが正常に完了すると「Done, without errors.」というメッセージが表示され、自動的に/Applicationsディレクトリにインストールされます。

初回はすべてのコアパッケージをダウンロードしてビルドするため少し時間がかかりますが、2回目以降は更新されたパッケージのみダウンロードするためビルド時間が大幅に短縮されます。無事にビルドが完了すると自動的にインストールが行われ、Atomを起動すると「1.9.0-dev-8516f19」のように、バージョン番号にビルド時のリビジョンが付くようになります。

最新情報の入手

Atomの最新情報を最も手軽に入手するには、次のサイトをチェックするとよいでしょう。技術的な変更があった場合は詳細な解説がブログにポストされます。

- **リリースノート：https://atom.io/releases**
- **ブログ：http://blog.atom.io/**

より深くAtomの開発を追いたい場合は、GitHubのIssues、Pull Request、コミットログをチェックすることでそのすべてを把握できます。しかし活発に開発が進められているAtomでは、それらを追い続けるのは困難です。そこで、より効率的に追いかけるコツをつかんでおきましょう。

たとえばAtom 1.0がリリースされるまでは、「Atom 1.0 #3684」[注2]というIssueがリリースまでのタスク管理として利用されていました。現在は

注2　https://github.com/atom/atom/issues/3684

特定のIssueではなく、「Contributing to Atom - Issue and Pull Request Labels」[注3]に整理されているラベルを利用して、大量のPull RequestやIssueを管理しながら開発が続けられています。現在進行中のものにはwork-in-progressラベルが付けられているので、Atom本体の開発に興味がある方はこちらから眺めるとよいでしょう。

A.2 開発へ参加するには

GitHubの特徴的な機能として、Pull Requestというコラボレーションを実現するものがあります。Atomの開発に参加するのに特別な資格は必要ありません。GitHubのアカウントさえあれば、誰もがAtomの、そしてAtomを支えるパッケージの開発に参加できます。

もしバグを発見したら、ぜひ修正してPull Requestを送りましょう。また、もしいつまで経ってもバグが修正されない場合は、Forkして別パッケージとして公開することも可能です。

パッケージ開発への参加

ここではパッケージ開発に参加する場合を例として、パッケージに対するPull Requestを作成してみます。

これまでにPull Requestを作成したことある方はいつもどおりの作業かと思いますが、まだ作成したことのない方は本書を参考にしてぜひ挑戦してみましょう。

Pull Request

Pull Requestは、Gitのブランチを作成していくつかのコミットを加えたあと、もとのブランチに対してコミットをマージしてもらうように依頼するGitHubの機能です。誰でも簡単に作成することが可能です。

注3　https://github.com/atom/atom/blob/master/CONTRIBUTING.md#issue-and-pull-request-labels

GitHubでPull Requestを作成する流れは次のとおりです。

❶GitHub上でリポジトリをForkする
❷リポジトリをローカルマシンにcloneする
❸ブランチを作成する
❹コミットする
❺pushする
❻Pull Requestを作成する

Pull Request作成後は、オーナー[注4]やコラボレーター[注5]によって精査されたあと、何も問題がなければそのままマージされ、もし意見があればPull Request上でコメントによる協議が行われます。

作成する際の注意点としては、できる限りテストを書いてコミットしましょう。テストを追加しておくと、挙動が明確になるためマージしやすくなります。もちろん、すでにテストが存在する場合は、テストに失敗しないことが最低限のマナーと言えます。

それでは実際の流れを見ていきましょう。以降ではGitHubにある次のリポジトリを例として解説していきます。

- **オーナー(Fork元)のアカウント:tomoya**[注6]
- **オーナーのリポジトリ:rubocop-auto-correct**[注7]

なお、今回Pull Requestを作成するアカウントはtomoya-atom-book[注8]になります。

■リポジトリをForkする

リポジトリをForkするには、Forkしたいリポジトリページ(今回は「rubocop-auto-correct」)で「Fork」ボタンを押します。GitHubがForkを完了すると、**図A.1**の画面のようにあなたのアカウントにForkされたリポジトリが作成されページが表示されます。

注4　リポジトリの保有者のことです。
注5　リポジトリの書き込み権を持つ貢献者のことです。
注6　https://github.com/tomoya/
注7　https://github.com/tomoya/rubocop-auto-correct
注8　https://github.com/tomoya-atom-book/

図A.1 Fork完了後の画面

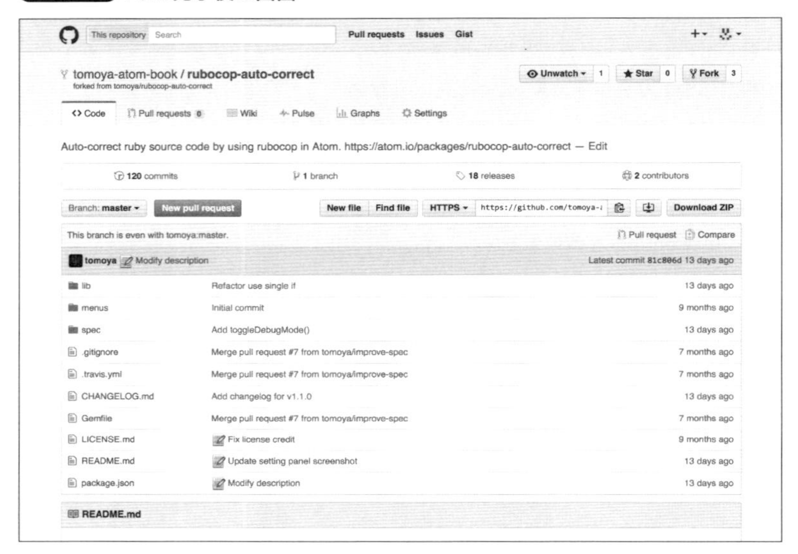

こちらからGitリポジトリのURLを取得してローカルマシンにcloneします。

```
$ git clone git@github.com:tomoya-atom-book/rubocop-auto-correct.git
```

Forkしなくてもリポジトリのcloneは行えますが、コミットしたリポジトリをGitHubへpushするのはコラボレーターとして追加されない限りは行えませんので、基本的にはForkが必要になります。

■コミット／pushする

リポジトリをForkしてローカルマシンにcloneしたら、いよいよ次はコミットです。まずは、目的に応じたブランチを作成します。

```
$ git checkout -b improve-readme
```

ファイルを修正してコミットする際には事前にコミットログをよく読み、オーナーとコミットメッセージのスタイルをそろえるようにしておきましょう。一通りのコミットが済んだらGitHubへpushしたいところですが、もしかすると最新のmasterブランチに変更があるかもしれませんので、一度fetchしてみて、もし変更があればrebaseやマージして動作に問題がないかを確認しましょう。

```
リモートを追加してfetchする
$ git remote add tomoya git@github.com:tomoya/rubocop-auto-correct.git
$ git fetch tomoya

必要に応じてrebase／マージを実行する
$ git rebase tomoya/master
```

確認が済んだらブランチをpushします。これでPull Requestの準備が整いました。

```
$ git push origin improve-readme
```

Pull Requestを作成する

ブランチをpushしたら、GitHubのページを開いて操作します[注9]。Atomであれば`Open On GitHub: Branch Compare`コマンドを実行することで、選択中のブランチをもとに**図A.2**のページを開いて直接Pull Requestを作成できます。

Pull Request作成時には、わかりやすいメッセージを心がけましょう。英語が苦手な方は、スクリーンショットやスクリーンキャスト[注10]を添えておくと確認が容易になるので便利です。GitHubでは、コメントフォームに画像をドラッグ&ドロップするとアップロードできるようになっていますので、ぜひ活用しましょう。

Pull Requestを提出したあと、マージされるかどうかはオーナーの判断によります。マージされない理由などが投稿されたらその内容に沿って修正しましょう。

注9　`Open On GitHub: Repository`コマンドから直接開くことができます。

注10　操作画面を録画した動画ファイルのことです。GitHubのIssueではアニメーションGIFがよく利用されています。

図A.2 Pull Request作成ページ

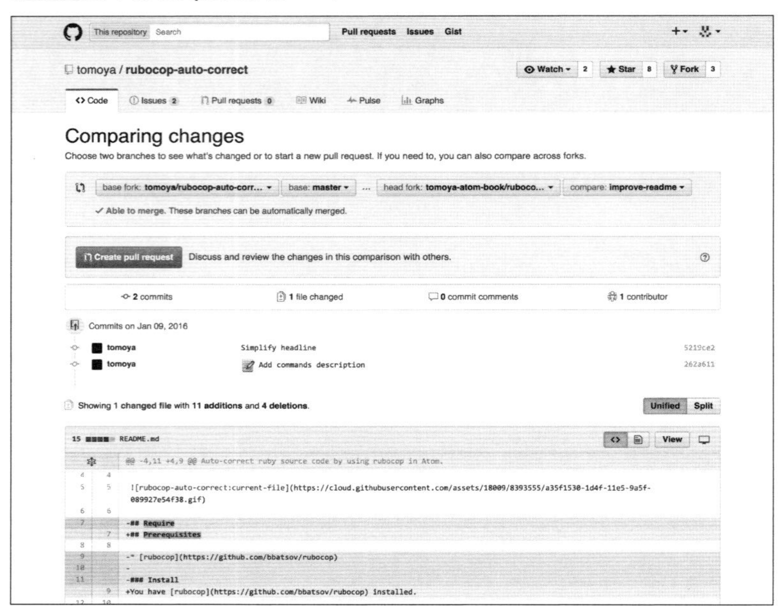

Appendix B

コアパッケージリファレンス

本リファレンスについて

ここではAtomに採用されているコアパッケージを紹介していきます。コアパッケージは標準でインストールされていますが、Atomが提供するAPIを利用して機能を追加している点ではほかのパッケージと何も違いはありません。

ただ、自分で能動的にインストールするパッケージと異なり標準で機能が提供されていることから、パッケージとして提供されていると認識せずに利用していることがあります。ここで再確認することで新たな気付きがあるかもしれませんので、ぜひ参考までに目を通してみてください。

本リファレンスは、各パッケージの固有設定やパッケージリポジトリを見て独自に調査を行ったものです。Atom本体のバージョンアップに伴い、コアパッケージは追加、削除、内容変更が頻繁に行われていますので、バージョンによっては内容が異なる可能性があることをご了承ください。

テーマ

第4章「シンタックステーマとUIテーマ」(116ページ)で解説した、Atomの装飾を変更するテーマに分類されるコアパッケージをまとめています。

atom-dark-syntax

Atom 1.0がリリースされる少し前まで公式採用されていたダーク系のシンタックステーマです。対となるライト系テーマとして、atom-light-syntaxがあります。

atom-dark-ui

Atom 1.0がリリースされる少し前まで公式採用されていたダーク系のUIテーマです。対となるライト系テーマとして、atom-light-uiがあります。

atom-light-syntax

atom-dark-syntaxと対になるライト系のシンタックステーマです。

atom-light-ui

atom-dark-uiと対になるライト系のシンタックステーマです。

base16-tomorrow-dark-theme

以前から人気のあるカラースキーマ「Base16 Tomorrow」[注1]のダークカラースキーマを利用したシンタックステーマです。

base16-tomorrow-light-theme

以前から人気のある「Base16 Tomorrow」のライトカラーを利用したシンタックステーマです。

one-dark-ui

Atom 1.0がリリースされる少し前に公式採用されたダーク系のUIテーマです。対となるライト系テーマとして、one-light-uiがあります。

設定 レイアウトモードはCompactとSpaciousでそれぞれUIの余白を変更し、Autoはウィンドウサイズから自動的にどちらかを選択します。

- **Font Size**
  UIのフォントサイズ。値の範囲は8～20ピクセルとなっており、初期値はAuto
- **Layout Mode**
  レイアウトモードを変更可能。Auto、Compact、Spaciousが選択可能となっており、初期値はAuto

注1　https://github.com/chriskempson/base16

one-dark-syntax

Atom 1.0がリリースされる少し前に公式採用されたダーク系のシンタックステーマです。対となるライト系テーマとして、one-light-syntaxがあります。

one-light-syntax

one-dark-syntaxと対になるライト系のシンタックステーマです。

one-light-ui

one-dark-uiと対になるライト系のUIテーマです。one-dark-uiと同じく設定が用意されています。設定内容は同じであるため省略します。

solarized-dark-syntax

かつてから人気のあるsolarizedカラー[注2]を利用したダーク系のシンタックステーマです。

solarized-light-syntax

同じくsolarizedカラーを利用したライト系のシンタックステーマです。

画面表示

第2章で解説したAtomのUIには、こちらで紹介するパッケージによって提供されているものもあるため、必要に応じて無効化することが可能となっています。

また、テキスト以外のファイルをAtomで開いて表示したり、Atomの状態を表示するなど、Atomウィンドウ内にさまざまな追加情報を表示して

注2　http://ethanschoonover.com/solarized

くれるコアパッケージをまとめています。

about

Atomのバージョン情報を表示するパッケージです。アプリケーションメニューの「About Atom」を選択して開くページはこのパッケージによって作られています。

エディタではなく閲覧用のページを表示したい場合は、こちらのパッケージを参考にして作成するとよいでしょう。

archive-view

ZIPなどのアーカイブファイルの中身をAtomで閲覧できるようにしているパッケージです。ZIPファイルなどをAtomで開くとツリービューのようなペインが開くのはこのパッケージの機能です。

アーカイブの中にあるファイルは、システムのtmpディレクトリにコピーされたうえで開かれます。サポートしているファイルはepub、jar、tar、tar.gz、tgz、war、zipです。

background-tips

何もファイルを開いていない状態のAtomウィンドウにTipsメッセージを表示するパッケージです。

git-diff

最終コミットから変更された行のガターに目印を付ける機能を提供します。

設定 アイコンを表示させるかどうかの設定を持っています。

- **Show Icons In Editor Gutter**
  ガターにアイコンを表示する。初期値は無効

image-view

画像ファイルをAtom上で開く機能を提供しています。サポートしているファイルは、gif、ico、jpeg、jpg、pngです。

markdown-preview

Markdownで書かれたドキュメントをリアルタイムでプレビューできる機能を提供しているパッケージです。Blinkエンジンを活用したAtomの目玉機能の一つです。

設定 プレビューの挙動を調整する設定が用意されています。

- **Break On Single Newline**
  単体の改行コードで改行する。初期値は無効
- **Grammars**
  シンタックスを適用するスコープ。初期値はsource.gfm、source.litcoffee、text.html.basicなど
- **Live Update**
  ライブアップデートする。初期値は有効
- **Open Preview In Split Pane**
  分割したペインでプレビューを開く。初期は有効
- **Use GitHub.com style**
  GitHub.comスタイルを利用する。初期値は無効

status-bar

ステータスバーを提供しているパッケージです。

設定 カーソル位置と選択範囲の文字数カウントの表示フォーマットを設定できます。%Lは行番号または選択行数、%Cは文字位置または選択文字数として利用されています。

- **Cursor Position Format**
  カーソル位置のフォーマット。初期値は%L:%C
- **Selection Count Format**
  選択範囲のカウントフォーマット。初期値は(%L, %C)

styleguide

スタイルガイドを提供しているパッケージです。

timecop

Atomのウィンドウやパッケージの読み込みにかかる時間を測定し表示してくれる機能を提供するパッケージです。

もしAtomの起動速度が急激に落ちた場合、何かしらのパッケージが原因であることが第一に考えられます。そのときはこのパッケージから調査し、パッケージを無効化する、あるいはパッケージ作者へ報告する、もしくは修正を試みるとよいでしょう。

welcome

初回のAtom起動時に表示されるメッセージを表示するパッケージです。

設定 設定で次回起動時に表示可能です。ただし、一度表示すると無効に設定されるため、設定を開くと常に無効になっています。

- **Show On Startup**
  起動時に表示させる。初期値は有効

wrap-guide

ラップガイドを表示しているパッケージです。

編集支援

検索、置換、自動補完や自動挿入など、テキスト編集機能を支援してくれるコアパッケージをまとめています。

autocomplete-atom-api

autocomplete-plusを利用して、Atom APIのプロパティやメソッドを補完するパッケージです。

autocomplete-css

autocomplete-plusを利用して、CSSのプロパティと値を補完するパッケージです。

autocomplete-html

autocomplete-plusを利用して、HTMLタグを補完するパッケージです。

autocomplete-plus

補完候補を提供する各種プロバイダ[注3]と連携して、自動補完機能を提供するパッケージです。

また、編集中のバッファに登場するテキストから自動的に補完候補を生成する機能(ビルトインプロバイダ)も持っています。

設定 設定では、主に補完候補の表示、補完の起動条件などUI/UXについて調整可能です。なお、設定項目に登場するSuggestionsはいわゆる補完候補です。

注3　autocomplete-cssやautocomplete-htmlなどの補完候補を提供するパッケージをプロバイダと呼びます。

- **Show Suggestions On Keystroke**
  無効にした場合はAutocomplete Plus: Activateコマンドを実行したときのみ補完候補を表示する。初期値は有効
- **Delay Before Suggestions Are Show**
  補完候補を表示するまでの待ち時間(単位はミリ秒)。初期値は100
- **Maximum Visible Suggestions**
  一度に表示される補完候補の数。初期値は10
- **Keymap For Confirming A Suggestions**
  補完候補を確定するキーバインド。初期値はtab and enter
- **Use Core Movement Commands**
  補完候補が表示されているとき、パッケージが提供するキーバインドを利用する。初期値は有効
- **File Blacklist**
  補完候補を表示させたくないファイルグロブ。初期値は.*(ドットファイル)
- **Scope Blacklist**
  補完候補を表示させたくないスコープ。初期値なし
- **Include Completions From All Buffers**
  グラマーが指定されていないプロバイダは、すべてのバッファを補完候補の対象とする。初期値は有効
- **Use Strict Matching For Built-in Provider**
  ビルトインプロバイダによる補完は厳格(前方からの完全一致のみ)にする。初期値は無効
- **Minimum Word Length**
  自動補完の対象となる最小文字数。初期値は3
- **Enable Built-in Provider**
  ビルトインプロバイダを有効にする。初期値は有効
- **Built-in Provider Blacklist**
  ビルトインプロバイダを適用しないCSSセレクタ。初期値は.source.gfm
- **Allow Backspace To Trigger Autocomplete**
  バックスペースを補完候補表示のトリガにする。初期値は無効
- **Automatically Confirm Single Suggestion**
  補完候補が1つだけのときにAutocomplete Plus: Activateを実行すると自動確定する。初期値は有効
- **Suggestions List Follows**
  補完候補の表示位置。Cursorを選択するとカーソル位置に追従する。初期値はWord

- **Default Provider**
  標準のプロバイダ。変更した場合はAtomをリロードする必要がある。初期値はSymbol
- **Suppress Activation For Editor Classes**
  autocomplete-plusを禁止するエディタのCSSセレクタ。初期値はvim-mode.command-modeなど
- **Consume suggestion text following the cursor**
  補完の際、カーソルの右に接しているテキストを削る。初期値は有効
- **Use Alternate Scoring**
  特定の文字列を優先的な補完候補とする。初期値は有効
- **Use Locality Bonus**
  カーソル位置に近い単語を優先的な補完候補とする。初期値は有効

autocomplete-snippets

autocomplete-plusを利用してスニペットを補完するパッケージです。

autoflow

「Preferred Line Length」で、指定された文字数でカーソル位置の行や選択範囲を折り返す`Autoflow: Reflow Selection`コマンドを提供します。詳しくは第4章「ガイドや不可視文字の表示」(107ページ)で解説しています。

autosave

ファイルの自動保存を実現するパッケージです。詳しくは第4章「ファイルの自動保存」(129ページ)で解説しています。

設定 有効にすると以後自動的に実行されます。

- **Enabled**
  自動保存を有効にする。初期値は無効

bracket-matcher

括弧のハイライトや自動挿入などの機能を提供します。詳しくは第3章「ブックマーク」(63ページ)で解説しています。

find-and-replace

検索と置換機能を提供しています。詳しくは第3章「検索と置換」(71ページ)で解説しています。

設定 検索時の挙動を調整するための設定が用意されています。なお、ライブ検索はインクリメンタル検索と同じ意味です。

- **Close Project Find Panel After Search**
  プロジェクト検索後にファイルを開いたとき、検索パネルを閉じる。初期値は無効
- **Focus Editor After Search**
  検索後にエディタへフォーカスを移動する。初期値は無効
- **Live Search Minimum Characters**
  ライブ検索を開始する最小文字数。初期値は3
- **Open Project Find Results In Right Pane**
  プロジェクト検索の結果を右ペインに表示する。初期値は無効
- **Scroll To Result On Live-Search (incremental find in buffer)**
  ライブ検索の際、マッチした箇所へ自動的にスクロールする。初期値は無効
- **Show Search Wrap Icon**
  マッチした箇所からバッファの先頭あるいは末尾に戻るとき、画面中央にアイコンを表示する。初期値は有効

snippets

スニペット機能を提供しているパッケージです。

spell-check

スペルチェック機能を提供しているパッケージです。

設定 スペルチェックを実施する範囲を設定できます。

- **Grammars**
  スペルチェックを行うスコープ。初期値はsource.asciidoc、source.gfm、text.git-commit、text.plain

whitespace

不要な空白文字を自動的に削除する機能などを提供するパッケージです。

設定 削除の挙動を調整できます。

- **Ensure Single Trailing Newline**
  ファイル末の改行を自動的に1つだけにする。初期値は有効
- **Ignore Whitespace On Current Line**
  カーソルのある行の末尾空白は無視する(削除しない)。初期値は有効
- **Ignore Whitespace Only Lines**
  空白のみの行は無視する(削除しない)。初期値は無効
- **Keep Markdown Line Break Whitespace**
  Markdownファイルの末尾空白(2つ以上)は削除しない。初期値は有効
- **Remove Trailing Whitespace**
  末尾空白を削除する。初期値は有効

Atom機能

Atomエディタの中心となる基本機能を提供しているコアパッケージをまとめています。中心機能もパッケージとして提供されているため、必要に応じて無効化できるようになっています。

command-palette

コマンドパレットを提供しています。当然ですが、無効にするとコマンドパレットが使えなくなります。

deprecation-cop

Atomの中で非推奨のメソッド呼び出しが行われた際、リストアップして表示します。

dev-live-reload

開発モードでリアルタイムにスタイルを反映させながらテーマを編集できる機能を提供するパッケージです。

encoding-selector

文字コードの表示や変更などの機能を提供しています。詳しくは第3章「文字コードの選択」(51ページ)で解説しています。

exception-reporting

例外が発生するとBugsnag[注4]へ匿名でレポートを送信します。送信したくない場合はパッケージを無効にするとよいでしょう。

設定 User Idを指定できますが、変更しても利用者には何も影響はありません。

- **User Id**
  ユーザー識別ID。初期値はランダムで生成された文字列

注4　GitHubやJIRAなどのコードホスティングサービスと連携し、エラー解析やチケット作成などが行えるサービスです。
https://bugsnag.com/

grammar-selector

文法を選択する機能を提供します。無効化するとステータスバーから選択中の文法表示が消えますが、文法解析自体が行われなくなるわけではありません。

incompatible-packages

インストールされているAtomパッケージの中から、互換性のないパッケージをリストアップして警告してくれます。1.0がリリースされる以前、APIを整備するため役に立っていました。

今後、Atomが2.0へ進化していく過程でまた役に立つことでしょう。

keybinding-resolver

実行したキーバインドから割り当て先となるコマンドを列挙してくれるパッケージです。第7章「キーバインドの調べ方」(205ページ)で詳しい使い方を解説しています。もしキーバインドの実行に違和感がある場合は、まずこの機能を利用して調査しましょう。

line-ending-selector

改行コードの表示や変更などの機能を提供しています。詳しくは第3章「文字コードの選択」(51ページ)で解説しています。

設定 標準で使用する改行コードを指定できます。なお、適用されるのは新規ファイルのみです。

- **Default line ending**
  標準で使用する改行コードをLF、CRLF、OS Defaultから指定する。初期値はOS Default

metrics

Google Analyticsを利用してAtomの開発に役立つ情報をレポートする機能を提供しているパッケージです。MacアドレスのSHA-1値を識別子として利用することで匿名性を担保しています。

もしレポートを送信したくない場合はこのパッケージを無効化しましょう。

notifications

ウィンドウ右上に通知パネルを表示する機能を提供しているパッケージです。

設定 開発モードにてエラーを表示させる設定が用意されています。

- **Show Errors In Dev Mode**
  開発モードでエラーを表示する。初期値は無効

package-generator

パッケージのひな型となるディレクトリを生成する機能を提供しているパッケージです。

設定 ひな型の生成時に作成するシンボリックリンクの場所を設定できます。標準は~/.atom/packagesになっています。

- **Create In Dev Mode**
  ~/.atom/dev/packagesにシンボリックリンクを作成する。初期値は無効

settings-view

設定パネルを提供しているパッケージです。設定は用意されていませんが、自分でスタイルを書くことで表示を自由にコントロールすることが可能となっています。

tabs

タブの表示を提供しているパッケージです。無効化するとタブが表示されなくなります。

設定 タブの表示を調整するための設定が用意されています。

- **Add New Tabs At End**
  新規タブをタブバーの一番右に作成する。初期値は無効
- **Always Show Tab Bar**
  常にタブバーを表示する。初期値は有効
- **Enable VCS Coloring**
  VCSによるカラーリングを有効にする。初期値は無効
- **Show Icons**
  アイコンを表示する。初期値は有効
- **Tab Scrolling**
  タブスクローリング[注5]を有効にする。初期値は無効
- **Tab Scrolling Threshold**
  タブスクローリングの閾値(いきち)。初期値は120

update-package-dependencies

プロジェクトディレクトリでapm installコマンドを実行して、依存するパッケージを更新する機能を提供するパッケージです。

注5　タブ上でスクロールすることによりタブを切り替えることです。

移動操作

ファイルの中を移動したり、プロジェクト内のファイルを切り替えたり、Webページを開いたり、Atomにさまざまな移動手段を提供してくれるコアパッケージをまとめています。

bookmarks

ブックマーク機能を提供します。詳しくは第3章「ブックマーク」(63ページ)で解説しています。

fuzzy-finder

コマンドパレットUIを利用してファイルを開いたりタブを切り替えたりできるfuzzy-finderの機能を提供しています。コマンドパレットUIを利用したパッケージを作成したい場合に参考になるでしょう。

設定 検索時の挙動を調整するための設定が用意されています。

- **Ignored Names**
  指定したファイルグロブを検索から除外する。,(カンマ)区切りで複数指定可能。初期値なし
- **Preserve Last Search**
  最後の検索文字列を記憶する。初期値は無効
- **Search All Panes**
  すべてのペインを検索対象とする。無効の場合はアクティブなペインのみとする。初期値は無効
- **Use Alternate Scoring**
  特定の文字列を優先する。初期値は有効

go-to-line

指定した行へジャンプする機能を提供します。

link

Link: Open(ctrl-shift-o)という、カーソル位置の文字列がhttp/httpsスキーマが使われている場合にブラウザで開くというシンプルな機能を提供するパッケージです。

カーソル文字列を利用して何らかの操作を行いたい場合は参考にしてみるとよいでしょう。

open-on-github

編集中のリポジトリからGitHubのページを開く機能を提供しています。

設定 GitHubページを開く際の挙動を設定できます。

- **Include Line Numbers In Urls**
  URLに行番号を含む。初期値は有効

symbols-view

ctagsを利用したタグジャンプ機能を提供しているパッケージです。

tree-view

第2章と第3章で解説したツリービューを提供します。詳しくは第3章「ツリービュー」(55ページ)で解説しています。

設定 ツリービューの表示を細かく設定できます。

- **Auto Reveal**
  ツリービューの表示をアクティブペインに追従させる。初期値は無効
- **Focus On Reveal**
  ツリービューのフォーカスをアクティブペインに追従させる。初期値は有効

- **Hide Ignored Names**
  コア設定「Ignored Names」で指定されたファイルを非表示にする。初期値は無効
- **Hide VCS ignored Files**
  .gitignoreファイルで指定されているファイルを非表示にする。初期値は無効
- **Show On Right Side**
  ウィンドウ右側にツリービューを表示する。初期値は無効
- **Sort Folders Before Files**
  フォルダをファイルの前に表示する。初期値は有効
- **Collapse directories**
  子ディレクトリが1つだけの場合、1つにまとめて表示する。初期値は無効

シンタックス

プログラミング言語やマークアップ言語の構文解析機能を提供してくれているコアパッケージをまとめています。

language-c

C、C++のシンタックスサポートを提供しているパッケージです。

設定 C(c、h)、C++(cc、cpp、cp、cxx、c++、cu、cuh、h、hh、hpp、hxx、h++、inl、ipp、tcc、tpp)に対するエディタ設定が可能です。

language-clojure

Clojureのシンタックスサポートを提供しているパッケージです。

設定 Clojure (clj、cljc、cljs、cljx、clojure、edn) に対するエディタ設定が可能です。

language-coffee-script

CoffeeScriptのシンタックスサポートを提供しているパッケージです。

設定 CoffeeScript(coffee、Cakefile、coffee.erb、cson、_coffee)に対するエディタ設定が可能です。

language-csharp

C#のシンタックスサポートを提供しているパッケージです。

設定 C#(cs)に対するエディタ設定が可能です。

language-css

CSSのシンタックスサポートを提供しているパッケージです。

設定 CSS(css、css.erb)に対するエディタ設定が可能です。

language-gfm

GitHub Flavored Markdown(GFM)のシンタックスサポートを提供しているパッケージです。

設定 GFM(markdown、md、mdown、mkd、mkdown、rmd、ron)に対するエディタ設定が可能です。

language-git

Gitコミットエディタのシンタックスサポートを提供しているパッケージです。

設定 Gitコミットエディタ(COMMIT_EDITMSG、MERGE_MSG)に対するエディタ設定が可能です。

language-go

Goのシンタックスサポートを提供しているパッケージです。

設定 Go (go)に対するエディタ設定が可能です。

language-html

HTMLのシンタックスサポートを提供しているパッケージです。

設定 HTML (ejs、htm、html、kit、shtml、tmpl、tpl、xhtml)に対するエディタ設定が可能です。

language-hyperlink

URIスキームにhyperlinkクラスを割り当てる機能を提供しているパッケージです。

設定 設定画面はありますが、ファイルタイプが存在しないため機能しません。

language-java

Javaのシンタックスサポートを提供しているパッケージです。

設定 Java (java、bsh)に対するエディタ設定が可能です。

language-javascript

JavaScriptのシンタックスサポートを提供しているパッケージです。

設定 JavaScript (js、htc、_js、es、es6、jsm、pjs、xsjs、xsjslib)に対するエディタ設定が可能です。

language-json

JSONのシンタックスサポートを提供しているパッケージです。

設定 JSON（babelrc、bowerrc、eslintrc、geojson、jscsrc、jshintrc、jslintrc、json、jsonl、ldj、ldjson、schema、topojson、webapp）に対するエディタ設定が可能です。

language-less

LESSのシンタックスサポートを提供しているパッケージです。

設定 LESS（less、less.erb）に対するエディタ設定が可能です。

language-make

Makeのシンタックスサポートを提供しているパッケージです。

設定 Make（Makefile、makefile、GNUmakefile、OCamlMakefile、mf、mk、Makefile.in）に対するエディタ設定が可能です。

language-mustache

Mustacheのシンタックスサポートを提供しているパッケージです。

設定 Mustache（handlebars、hbs、hjs、mu、mustache、rac、stache）に対するエディタ設定が可能です。

language-objective-c

Objective-Cのシンタックスサポートを提供しているパッケージです。

設定 Objective-C（m、h、pch、x、xm、xmi）に対するエディタ設定が

可能です。

language-perl

Perlのシンタックスサポートを提供しているパッケージです。

設定 Perl(pl、PL、pm、pod、psgi、t、vcl)に対するエディタ設定が可能です。

language-php

PHPのシンタックスサポートを提供しているパッケージです。

設定 PHP(aw、ctp、inc、install、module、php、php_cs、php3 php4、php5、phpt、phtml、profile)に対するエディタ設定が可能です。

language-property-list

Property Listのシンタックスサポートを提供しているパッケージです。

設定 Property List (plist、dict、scriptSuite、scriptTerminology、saveSearch)に対するエディタ設定が可能です。

language-python

Pythonのシンタックスサポートを提供しているパッケージです。

設定 Python (cpy、gyp、gypi、kv、py、pyw、rpy、SConscript、SConstruct、Sconstruct、sconstruct、Snakefile、tac、wsgi)に対するエディタ設定が可能です。

language-ruby

Rubyのシンタックスサポートを提供しているパッケージです。

設定 Ruby(erb、rhtml、html.erb、Appraisals、Berksfile、cap、Capfile、capfile、cgi、fcgi、Gemfile、gemspec、Guardfile、irbrc、opal、Podfile、podspec、prawn、pryrc、Puppetfile、rabl、rake、Rakefile、Rantfile、rb、rbx、rjs、ru、ruby、Schemafile、thor、Thorfile、Vagrantfile)に対するエディタ設定が可能です。

language-ruby-on-rails

Ruby on Rails向けのシンタックスサポートを提供しているパッケージです。

設定 Ruby on Rails向け(rhtml、erb、html.erb、js.erb、rjs、rb、rxml、builder、Gemfile、jbuilder、json_builder、erbsql、sql.erb)に対するエディタ設定が可能です。

language-sass

Sass/SCSSのシンタックスサポートを提供しているパッケージです。

設定 Sass/SCSS(sass、sass.erb、scss、css.scss、css.scss.erb、scss.erb)に対するエディタ設定が可能です。

language-shellscript

ShellScriptのシンタックスサポートを提供しているパッケージです。

設定 ShellScript(sh、bash、ksh、zsh、zshenv、zshrc、bashrc、bash*profile*、*bash*login、profile、bash*logout*、.*textmate*init、npmrc、PKGBUILD、cygport、sh-session)に対するエディタ設定が可能です。

language-source

標準のコメントやインデントを提供するパッケージです。新規ファイルや解析にマッチしない構文で適用されます。

language-sql

SQLのシンタックスサポートを提供しているパッケージです。

設定 SQL(ddl、dml、pgsql、sql)に対するエディタ設定が可能です。

language-text

プレーンテキストのシンタックスサポートを提供しているパッケージです。

設定 プレーンテキスト(txt)に対するエディタ設定が可能です。

language-todo

TODOのシンタックスサポートを提供しているパッケージです。コメントやテキストにTODO、FIXME、CHANGED、XXX、IDEA、HACK、NOTE、REVIEWの文字があるときハイライトします。

設定 設定画面はありますが、ファイルタイプが存在しないため機能しません。

language-toml

TOMLのシンタックスサポートを提供しているパッケージです。

設定 TOML(toml)に対するエディタ設定が可能です。

language-xml

XMLのシンタックスサポートを提供しているパッケージです。

設定 XML(axml、bpmn、config、cpt、csl、csproj、csproj.user、dita、ditamap、dtml、fsproj、fxml、iml、isml、jsp、launch、mxml、nuspec、opml、owl、proj、pt、pubxml、pubxml.user、rdf、rng、rss、shproj、storyboard、svg、targets、tld、vbproj、vbproj.user、vcxproj、vcxproj.filters、wsdl、xaml、xib、xlf、xliff、xml、xpdl、xsd、xul、xsl、xslt)に対するエディタ設定が可能です。

language-yaml

YAML(*YAML Ain't Markup Language*)のシンタックスサポートを提供しているパッケージです。

設定 YAML(eyaml、eyml、yaml、yml、sls)に対するエディタ設定が可能です。

索引

記号

A

B

C

D

E

F

R

S

T

U

V

W

X

Y

Z

あ行

か行

さ行

た行

は行

ま行

や行

ら行

わ行

著者プロフィール

大竹 智也 Otake Tomoya

1983年生まれ。起業家、およびフロントエンドからバックエンドまで幅広くカバーするWebエンジニア。兵庫県立明石高等学校卒業後、フリーターとして働きながら独学でWeb技術を習得する。2010年にオンライン英会話「ラングリッチ」を起業。2015年に「EnglishCentral」への売却を果たす。著書に本書のほかに『Emacs実践入門』があり、エディタ本による三冠王を目指している。

装丁・本文デザイン……西岡 裕二
レイアウト……酒徳 葉子(技術評論社制作業務部)
本文図版……スタジオ・キャロット
編集アシスタント……大野 耕平(WEB+DB PRESS編集部)
編集……池田 大樹(WEB+DB PRESS編集部)

WEB+DB PRESS plus シリーズ

Atom 実践入門
進化し続けるハッカブルなエディタ

2016年8月25日　初版　第1刷発行

著者……大竹 智也
発行者……片岡 巌
発行所……株式会社技術評論社
東京都新宿区市谷左内町21-13
電話　03-3513-6150　販売促進部
　　　03-3513-6175　雑誌編集部
印刷/製本……港北出版印刷株式会社

ISBN 978-4-7741-8270-4 C3055
Printed in Japan

●お問い合わせ

本書に関するご質問は記載内容についてのみとさせていただきます。本書の内容以外のご質問には一切応じられませんので、あらかじめご了承ください。なお、お電話でのご質問は受け付けておりませんので、書面またはFAX、弊社Webサイトのお問い合わせフォームをご利用ください。

〒162-0846
東京都新宿区市谷左内町21-13
株式会社技術評論社
『Atom実践入門』係
URL http://gihyo.jp(技術評論社Webサイト)

ご質問の際に記載いただいた個人情報は回答以外の目的に使用することはありません。使用後は速やかに個人情報を廃棄します。